SMART PREISE VERHANDELN

GEWINNBRINGENDE STRATEGIEN FÜR ERFOLGREICHE PREISGESPRÄCHE

ROMAN KMENTA

Impressum

1. Auflage 12/2020

Umschlaggestaltung: Monika Stern / sternloscreative
Layout: VoV media
Illustration: VoV media
Lektorat/Korrektorat: VoV media
Bildrecht: Freepik hole-from-ball 73

Verlag: VoV media – www.voice-of-value.com

ISBN Softcover: 978-3-903845-17-6
ISBN E-Book: 978-3-903845-81-7

Druck und Distribution im Auftrag des Verlags:
VoV media, Forstnergasse 1, 2540 Bad Vöslau, Österreich

INHALTSVERZEICHNIS

VORWORT

Es gibt kaum eine Phase des Verkaufsgespräches, die so sehr im Fokus vieler Verkäufer und Kunden steht wie Preisgespräche oder Preisverhandlungen. Kein Wunder! Da geht es um etwas, um viel sogar. Die Nerven liegen bisweilen blank. Scheinbar wird in dieser Phase über die Erträge und damit über den Erfolg eines Geschäftes entschieden. Das ist richtig, aber gleichzeitig auch falsch. Es kommt – wie so oft im Leben – ganz darauf an.

Die wirklich hohen Margen werden nämlich nicht durch exzellente Preisverhandlungen erzielt. Apple z. B. ist bekannt für sehr hohe Margen und Gewinne. Kennen Sie jemanden – egal ob Business- oder Privatkunde – der je beim Kauf eines Apple-Gerätes erfolgreich Preise verhandelt hätte? Nicht nur, dass das von vorneherein zum Scheitern verurteilt ist, weil die Apple-Händler (meines Wissens) so kurzgehalten werden, was die Margen betrifft, dass sie es sich gar nicht leisten könnten, nennenswerte Nachlässe zu geben. Es kommt auch gar niemand auf die Idee, beim Kauf eines Apple-Produktes Preise verhandeln zu wollen.

Jetzt könnte man meinen, das hätte mit der Bekanntheit der Marke zu tun. Hat es nicht bzw. nicht nur. Bei jeder noch so bekannten Automarke – zumindest bei denen, die nennenswerte Stückzahlen verkaufen – wird auf Teufel komm raus über den Preis verhandelt.

Möglicherweise gibt es Branchen, in denen traditionell mehr und andere, wo weniger Preisverhandlungen stattfinden. Auch das stimmt nur bedingt. Im Immobilienbereich wird bei gebrauchten Objekten sehr viel preisverhandelt. Kaum eine Altbauwohnung wird zum ursprünglich geforderten Preis verkauft. Bei neuen Wohnungen, die zum Teil vom Plan weg verkauft werden, ist das nicht annähernd so verbreitet. Warum? Wenn ich als Käufer dem Verkäufer unterstelle, dass der noch Spielraum in seiner Kalkulation hat, dann könnte ich das ja auch bei neuen Wohnungen unterstellen.

Sie sehen also: Ob und wann und um wie viel der Preis verhandelt wird, ist eine Frage, die sich so leicht gar nicht beantworten lässt. Fakt ist, dass in manchen Branchen, Unternehmen oder aber auch bei manchen Verkäufern sehr viel über Preise gesprochen wird und Preisverhandlungen an der Tagesordnung sind. Das trifft auch auf Sie zu – unterstelle ich – ansonsten hätten Sie dieses Buch vermutlich nicht gekauft.

Was Sie von dem Buch nicht erwarten können, sind Strategien, wie Sie 20 oder 30 Prozent Preisunterschiede zu einem, in den Augen des Kunden, vergleichbaren Produkt durch geschickte Verhandlungsführung und Gesprächstechnik vom Tisch kriegen – ausgenommen es geht um ein so kleines Geschäft, dass die 20 Prozent keinen nennenswerten Betrag in Euro darstellen (aber dann wird typischerweise auch nicht verhandelt). Wenn Sie das Problem haben, erheblich teurer zu sein als Ihre Mitbewerber (bei vergleichbaren Produkten oder Leistungen wohlgemerkt), dann haben Sie kein Verkaufsproblem. Sie haben in diesem Fall ein Marketing-, Positionierungs- oder Produktentwicklungsproblem. Das ist ein Unterschied, den Sie nur in diesen anderen Bereichen, nicht aber im Verkauf alleine gelöst bekommen.

Wenn Sie mit einem solchen Problem konfrontiert sind, dann sollten Sie unbedingt mein Buch „Nicht um jeden Preis“ lesen oder hören. Dort geht es unter anderem genau darum.

Was Sie von diesem Buch, das sie gerade in den Händen halten, erwarten können, sind Strategien, Vorgehensweisen und Tipps, mit denen Sie ein paar Prozent mehr aus Ihren Geschäften und Abschlüssen herausholen. Falls Sie jetzt ein wenig enttäuscht sind, weil Sie sich deutlich mehr erwartet haben ... das müssen Sie nicht sein.

Ich werde Ihnen zeigen, dass diese paar erzielbaren Prozentpunkte mehr Deckungsbeitrag einen riesigen Unterschied für Ihr Geschäft machen werden und es absolut wert sind, dieses Buch bis zum letzten Wort zu lesen. Es steckt viel, sehr viel Geld für Sie drin. Versprochen.

Wenn ich Sie jetzt neugierig machen konnte, dann freut mich das. Das lag genau in meiner Absicht. Es erhöht die Wahrscheinlichkeit, dass Sie das Buch weiter- bzw. fertiglesen. Bücher machen erfolgreich, aber nicht grundsätzlich, sondern nur, wenn man sie liest und dann das Gelesene umsetzt.

Viel Spaß und viel Erfolg dabei.

PS: Wichtig!

Wenn ich in diesem Buch von Preisverhandlungen spreche, dann ist der Begriff Preis recht allgemein zu verstehen. Es muss nicht der Preis selbst sein, über den verhandelt wird. Je nach Verhandlungssituation können es auch andere Konditionen, die in irgendeiner Weise mit Geld zu tun haben, sein: Zusatzkosten (Transport, Verpackung etc.), Skonti, Boni, Zuschüsse, Rabatte und Nachlässe, Zugaben usw. Letztlich geht es um all das, was sich verkaufsseitig unmittelbar auf Ihren Deckungsbeitrag auswirkt.

BEVOR WIR BEGINNEN

Bevor wir in das Thema dieses Buches einsteigen, noch ein Hinweis. Es gibt eine eigens für dieses Buch erstellte Ressourcenseite unter https://www.romankmenta.com/bap-preisverhandlungen/.

Dort finden Sie:

- eine umfassende Checkliste zur Planung und Umsetzung Ihrer Preisverhandlungen zum kostenlosen Download,
- Links zu vertiefenden Blogbeiträgen und Podcasts,
- ergänzende Bücher und andere Produkte.

Schauen Sie am besten jetzt gleich vorbei, holen Sie sich Ihre Checkliste und verschaffen Sie sich einen Überblick.

1.
WAS PREISVERHANDLUNGEN KÖNNEN UND WAS NICHT

Wie im Vorwort erwähnt, werden die wirklich großen Preisunterschiede für ein vergleichbares Angebot nicht im Zuge eines Verkaufsgespräches oder einer Preisverhandlung durchgesetzt. So gut kann kein Verkäufer argumentieren, dass Kunden bereit sind, für – aus ihrer Sicht – mehr oder weniger dasselbe deutlich mehr zu bezahlen.

Apple erzielt für iPhones nicht deshalb so viel höhere Preise als der technisch vergleichbare Mitbewerb, weil die Verkäufer so viel bessere Verkaufsgespräche führen. Apple bräuchte gar keine Verkäufer. Für die meisten Kunden würde ein iPhone-Ausgabeautomat mit Kreditkartenfunktion absolut genügen. Was Apple – und die Elite anderer Unternehmen auch –geschafft hat, ist es, die Marke mit so viel Wert aufzuladen, dass sie die deutlich höheren Preise trägt.

Je höher der Wert (der nur im Kopf des Kunden entsteht), desto höher der Preis, den der Kunde dafür zu bezahlen bereit ist. Das ist die einfache Grundregel. Und Wertsteigerungen basieren auf Steigerungen des individuellen Kundennutzens. Dieser kann in der Technik eines Produktes liegen, wodurch es leichter handhabbar wird (Kundennutzen/Kaufmotiv „Einfachheit“), oder auch wie bei Apple-Produkten darin, dass es cool ist, ein Produkt der Marke zu besitzen und förderlich für das Ansehen des Besitzers in der Gesellschaft (Kundennutzen/Kaufmotiv „Anerkennung“).

Die Steigerung des Kundennutzens bzw. des Wertes kann an allen Punkten erfolgen, an denen der Kunde mit dem Unternehmen, das das Produkt oder die Dienstleistung anbietet, in Kontakt kommt. Daher spricht man auch von Kundenkontaktpunkten oder Touchpoints. Dort kann übrigens nicht nur Wert gesteigert, sondern auch Wert vernichtet werden (Letzteres sehr viel einfacher als Ersteres).

Die großen Hebel, um den Wert nach oben zu schrauben, sind das Produkt selbst, die emotionale Aufladung der Marke über Werbung und PR oder auch die Einzigartigkeit von Services oder Dienstleistungen aller Art rund um ein Produkt.

Und ja, auch der Verkäufer, sein Aussehen, sein Verhalten, seine Gesprächsführung und seine Argumentation können Wert steigern oder auch Wert vernichten. Nur ist eben – in den meisten Fällen und von Ausnahmen abgesehen – der Hebel des Verkäufers bzw. des Verkaufsgespräches allein nicht so groß, um bei größeren Beträgen Differenzen von 10, 20 oder mehr Prozent zu kompensieren. Das ist, wie erwähnt, kein Verkaufsproblem, sondern eines, das in anderen Bereichen gelöst werden muss.

Dadurch können Sie sich als Verkäufer entspannen (wenn Sie nicht auch Unternehmer oder für einen der anderen Bereiche verantwortlich sind). Damit meine ich nicht, dass Sie nichts tun können, sondern nur, dass nicht die ganze Last der Welt auf Ihren Schultern lastet. Ärgerlich bleibt es trotzdem, wenn der vergleichbare Mitbewerber etwas 20 Prozent billiger anbietet (ob er sich das leisten kann oder nicht).

Die Macht des Verkäufers

Wie groß ist also die Macht des Verkäufers, was die Durchsetzung höherer Preise als die der Konkurrenz angeht. Prozentuell oft klein (meist im einstelligen Bereich, in einzelnen Fällen etwas mehr), aber dennoch gewaltig. Wie das?

Ein kurzer Ausflug in die Betriebswirtschaftslehre. Unternehmen erzielen nicht annähernd so viel Gewinn, wie die meisten Menschen meinen. Handelsbetrieben bleibt typischerweise zwischen einem und fünf Prozent vom Umsatz vor Steuern übrig, produzierenden Unternehmen zwischen fünf und zehn Prozent. Wie überall gibt es Ausreißer nach oben und unten.

Lassen Sie uns ein Unternehmen wie ein Autohaus als Beispiel heranziehen. Beim Autokauf wird bekanntlich gerne und viel verhandelt ... gefeilscht sogar. Viele Autohändler wären heutzutage über einen Gewinn von zwei Prozent hocherfreut – so dünn ist die Decke oft. In unserem Autohaus werden Neuwagen mit einem Durchschnittswert von 20.000 Euro verkauft. Interessanterweise ist für viele Autohändler nicht der Mitbewerber der anderen Marke vor Ort der Hauptkonkurrent, sondern der Händlerkollege derselben Marke 20 Kilometer entfernt. Der Nachteil ist, dass er exakt dasselbe Produkt anbietet wie unser Händler. Das ist mit ein Grund, warum beim Autokauf so viel verhandelt wird – die Produkte sind 1:1 vergleichbar.

Das ist natürlich eine denkbar schlechte Situation für den Verkäufer. Umso mehr kommt es auf sein Geschick an, wenn es darum geht, den Interessenten zum Kunden zu machen.

Natürlich gibt es da auch noch die Werkstätte und ein paar andere Touchpoints, die wertsteigernd eingesetzt werden können, aber das Produkt selbst als Faktor mit dem größten Hebel ist außen vor.

Wie viel kann ein Verkäufer in so einer Situation nun an Mehrpreis erzielen? Lassen Sie uns einmal annehmen, der Verkäufer schafft es, 100 Euro mehr als sein Mitbewerber zu verlangen bzw. 100 Euro weniger Nachlass zu geben und den Verkauf trotzdem abzuschließen. Aus meiner Zeit in der Automobilbranche weiß ich, dass bis zu zwei Prozent möglich sind und 100 Euro sind nur magere 0,5 Prozent. Dafür wage ich aber zu behaupten, dass die meisten Kunden nicht wegen der 100 Euro gehen werden, ohne zu kaufen, wenn der Verkäufer einen guten Job macht.

Doch sind die 0,5 Prozent wirklich so mager? Gerechnet auf den Umsatz ... ja. 100 Euro sind gerade einmal ein bis zwei Tankfüllungen. Doch der Umsatz ist letztlich nicht die ausschlaggebende Kennzahl, sondern der Deckungsbeitrag, der Gewinn oder Ertrag. Wenn wir nun annehmen würden, alle Verkäufer unseres Autohauses wären so geschickt, im Schnitt um 0,5 Prozent mehr herauszuholen, ohne Geschäfte zu verlieren, dann würde der Umsatz zwar nur um 0,5 Prozent steigen, der Gewinn aber – da sich ja ansonsten nichts ändert – um satte 25 Prozent (0,5 Prozentpunkte von zwei Prozent Gewinn). Und 25 Prozent Gewinn ist eine sehr ernst zu nehmende Größe.

Ziel von Preisverhandlungen

Daher reicht es als realistisches Ziel vieler Preisverhandlungen in den meisten Branchen, beim Preis ein paar Prozentpunkte mehr zu erzielen. In Branchen mit dünnen Margen reichen oft schon ein paar Zehntelprozentpunkte, um den Gewinn dramatisch zu steigern. Der Hebel des Preises, den der Verkäufer in den Händen hält, ist also in Wahrheit gewaltig.

Und Sie dabei zu unterstützen, genau dieses Ziel zu erreichen und Ihre vielleicht nur kleinen, aber dennoch gewaltigen Spielräume in Verhandlungen zu nutzen, habe ich mir mit diesem Buch zum Ziel gesetzt.

Mythos Win-win-Situation

Bevor wir noch tiefer in die Thematik einsteigen, möchte ich ein paar Zeilen in ein Thema investieren, das beinahe jeder, der mit Preisverhandlungen oder auch mit Verhandlungen generell zu tun hat, spontan damit assoziiert: das Win-win. Unter einem Win-win versteht man ein Verhandlungsergebnis, bei dem der Gewinn des Einen nicht auf Kosten des Anderen geht, sondern beide als Sieger aus der Preisverhandlung aussteigen.

Grundsätzlich ist das ein guter Gedanke und es spricht auch nichts dagegen, nach Wegen zu suchen, die zu so einem Ergebnis führen. Allerdings sollte das viel gerühmte Win-win auch nicht zu einem Dogma erhoben werden. Es gibt definitiv auch Situationen in Preisgesprächen, bei denen kein Win-win erzielbar ist, sosehr man sich auch darum bemühen mag.

Ein Win-win zu erzielen, hat sehr viel mit Kreativität zu tun. Es geht darum, Ideen in die Verhandlung einzubringen, die oft außerhalb des normalen Verhandlungsrahmens sind. So könnte man sich z. B. überlegen, ob der Preis das einzige ist, worüber es Sinn machen kann, nachzudenken bzw. zu verhandeln. Je mehr Faktoren Sie in Ihre Überlegungen einbeziehen, umso wahrscheinlicher wird ein Win-win. Dazu gibt es in den späteren Kapiteln noch etliche Ideen. Dennoch möchte ich die Kirche im Dorf lassen. Streben Sie ein Win-win an und akzeptieren Sie auch, wenn es keines gibt oder geben kann.

2.
DIE VORBEREITUNG AUF PREISVERHANDLUNGEN

Um Preisgespräche erfolgreich zu führen und zu erreichen, was zu erreichen ist, braucht es Dinge, die vor der Verhandlung wichtig sind und umgesetzt werden sollten, und solche, die während der Verhandlung Bedeutung und einen mehr oder weniger starken Einfluss auf den erzielten Preis haben.

Was davon wichtiger und was weniger wichtig ist, ist schwer zu sagen und hängt vom Einzelfall ab. Allerdings stelle ich fest, dass gerade die Dinge, die man vor der Preisverhandlung tun kann, um eine solide Basis für ein erfolgreiches Gespräch zu legen, oft vernachlässigt und für nicht so wichtig erachtet werden.

Aus meiner Sicht würde ich sogar behaupten ...

Hohe Preise und Margen erzielen Sie VOR und nicht WÄHREND der Preisverhandlung.

Dabei sind in dieser Phase vor einem Gespräch einige Dinge zu beachten, die, wenn Sie es nicht tun, deutliche Nachteile für Sie im Gespräch nach sich ziehen und auch durch noch so eloquente oder schlagfertige Gesprächsführung nicht mehr ausgeglichen werden können.

Alles in allem gilt ...

Vorbereitung ist 90 Prozent des Erfolges.

... vor allem, wenn es um Preisverhandlungen geht.

Natürlich macht es Sinn, die Vorbereitung auf Größe und Wichtigkeit des Geschäftes abzustimmen. Bei kleinen Standardgeschäften reicht es oft, fünf Minuten Vorbereitungszeit zu investieren. Ich habe aber auch schon Unternehmen bei der Vorbereitung auf jährliche Konditions- und Preisgespräche begleitet und beraten, wo Manntage oder gar -wochen in die Vorbereitung geflossen sind. Wenn es dabei allerdings – wie in diesen Fällen – um jährliche Geschäftsvolumina von mehr als 100 Millionen Euro geht, ist das gut investierte Zeit.

Eine ausführliche und umfangreiche Checkliste aller Vorbereitungsaufgaben für ein Preisgespräch finden Sie übrigens zum kostenlosen Download im Ressourcenbereich zu diesem Buch (https://www.romankmenta.com/bap-preisverhandlungen/).

Hier im Buch möchte ich die wichtigsten Punkte zum Thema Vorbereitung im Folgenden behandeln.

Mentale Einstimmung

Erfolg beginnt im Kopf. Das trifft im Speziellen auch auf Preisverhandlungen zu. Das Resultat, das Sie bei einem Preisgespräch erzielen, hängt extrem stark mit dem zusammen, was Sie darüber vorab denken. Wenn Sie der Meinung sind, dass der Kunde sicher einen Preisnachlass erwartet und Sie sich gedanklich bereits darauf vorbereiten, wie viel Sie ihm geben können, kann das zu einem ganz anderen Ergebnis führen, als wenn Sie überzeugt sind, dass Ihr Angebot jeden Cent, den Sie dafür verlangen, wert ist. In diesem Fall wird es für Sie gar nicht in Frage kommen, über einen Nachlass auch nur nachzudenken.

Von Verkäufern, Selbstständigen und Unternehmern höre ich immer wieder, dass die Kunden diejenigen sind, die sie mit Forderungen nach Nachlässen und Preisvergleichen konfrontieren. Und ja, das ist in vielen Branchen zutreffend. Kunden sind gut informiert, auch über Preise, und das Vergleichen ist einfacher geworden. Andererseits zeigen Studien und Mystery Shoppings aber auch regelmäßig folgendes Phänomen: In zwei Drittel (oft sogar mehr Prozent) der Fälle sind es nicht die Kunden, die die Preisdiskussionen beginnen, sondern die Verkäufer.

Natürlich machen die Verkäufer das nicht vorsätzlich. Es geschieht vielmehr dadurch, dass sich die Vorgänge, die sich im Kopf des Verkäufers abspielen, einen Weg nach außen bahnen und diesen auch, wenn man nicht wirklich achtgibt, finden. Wenn ein Verkäufer nicht wirklich überzeugt ist, dass der Preis seines Produktes mehr als angemessen oder sogar attraktiv ist, kann es ganz leicht passieren, dass er das dem Kunden auch zu verstehen gibt.

Manchmal geschieht das in Form einer körpersprachlichen, sprachlichen oder stimmlichen Unsicherheit:

- Sprechpausen nach der Preisnennung,
- ein Räuspern oder ein Ähmm an der falschen Stelle,
- ein Wegschauen oder Zurückweichen,

- ein unnötiges Begründen mit „..., ***aber** dafür haben Sie auch ...*“, das einer Rechtfertigung für den Preis gleichkommt,
- ein nervöses Herumrutschen auf dem Stuhl oder Klicken mit dem Kugelschreiber.

Oft zeigt sich die Unsicherheit bezüglich des eigenen Preises beim Verkäufer aber auch dadurch, dass er das Thema „Rabatt“ oft viel früher anspricht, als es notwendig wäre. Und Rabatte werden nicht nur angesprochen, sondern oft auch konkret angeboten und gegeben. *„Übrigens, da geht noch etwas,“* waren die Worte, die der Begrüßung folgten, als ich mich zur Vorbereitung auf ein Beratungsprojekt als „Kunde“ im Schauraum eines Autohändlers aufhielt und der Verkäufer endlich Zeit für mich hatte. Er deutete dabei auf das Cabrio, das dort stand und welches ich mir während der Wartezeit angesehen hatte, einfach nur, weil es nichts Besseres zu tun gab.

Testen Sie es einmal selbst und erkundigen sich in einem Elektromarkt nach einem Fernseher zum Beispiel. Es könnte gut sein, dass der Verkäufer sehr schnell auf das aktuelle Aktionsmodell hinweist und so das Thema Preis bzw. Rabatt ins Spiel bringt, noch bevor er überhaupt wirklich weiß, was Sie wollen.

Natürlich könnte man sagen, dass – wenn der Verkäufer die Preisdiskussion nicht beginnt – der Kunde ohnehin nach besseren Preisen oder Zugeständnissen ähnlicher Art fragen würde. In vielen Branchen ist das ja tatsächlich fast immer so. Doch macht es verhandlungstechnisch einen großen Unterschied, ob der Verkäufer den (ersten) Preisnachlass bereits als „Geschenk am Silbertablett" serviert oder sich den Kunden einen Nachlass (hart) erarbeitet. Vorauseilender Gehorsam ist, von geplanten Ausnahmefällen abgesehen, keine empfehlenswerte Taktik bei Preisgesprächen.

Daher ist es wichtig, dass Sie in der Vorbereitung auf ein Preisgespräch vor allem auch überprüfen, ob Sie sich als Verkäufer mit Ihrem eigenen Preis wohlfühlen und diesen dem Kunden gegenüber selbstbewusst vertreten können. Wenn nicht, ist, wie gesagt, die Gefahr groß, dass diese Unsicherheit zutage tritt und Sie in der Verhandlung Geld kostet.

Dabei muss man grundsätzlich zwischen zwei Arten unterschieden, wie Sie sich mit dem Preis unwohl fühlen könnten:

1. Es könnte sein, dass Sie denken, Sie seien im Vergleich zum Mitbewerb zu teuer.

2. Es kann aber auch sein, dass Sie meinen, dass Ihr Angebot zwar vergleichsweise günstig oder ok ist, aber absolut gesehen zu teuer. Eine 100 Quadratmeter große Wohnung um 200.000 Euro ist in vielen Großstädten ein Geschenk, aber dennoch zu teuer für denjenigen, der eigentlich nur eine 50 Quadratmeter große Wohnung sucht, für die er bereit wäre, bis zu 130.000 Euro auszugeben.

Die zweite Variante ist oft leicht lösbar, die erste ist eher jene, die Verkäufer vor größere Herausforderungen stellt.

Was können Sie tun, sollten Sie feststellen, dass Sie nicht hinter Ihrem Preis stehen? Im Einzelfall haben Sie folgende Möglichkeiten:

Abspecken oder knapper kalkulieren

Sie können nochmals kalkulieren (eher bei komplexen Angeboten), welche Bestandteile die Preistreiber sind und an der Zusammensetzung bzw. der Kalkulation Ihres Angebotes noch etwas ändern. Das kann bei Variante 1 und Variante 2 Sinn machen. Sie können noch etwas herausnehmen und das Paket abspecken oder auch knapper kalkulieren, was ich nicht grundsätzlich empfehlen würde, aber im Einzelfall, wenn Sie sehr hohe Margen kalkuliert haben, gegebenenfalls Sinn machen kann.

Passen Sie aber auf, wenn Sie das machen. Den Preis zu senken, weil Sie sich mit dem höheren schlecht fühlen, ist eine gefährliche Strategie und sollte wirklich nur in speziellen Ausnahmefällen gemacht werden. Besser als am Preis zu arbeiten, ist es, in der Situation an sich selbst zu arbeiten.

Überzeugen Sie sich vom Wert

Wenn Sie nicht überzeugt sind, dass Ihr Produkt oder Ihre Leistung einen Preis hat, der attraktiv genug ist, dann sind Sie im Grunde vom Wert Ihres Angebotes nicht überzeugt. Was Sie also tun können und auch sollten, ist es, das Produkt „an sich selbst zu verkaufen“ und sich selbst vom Wert zu überzeugen. Das kann dadurch gelingen, dass Sie sich im Detail vor Augen führen, wie viel Aufwand an Zeit, Material, Know-how und Geld in Ihrem Produkt steckt und das dem Preis gegenüberstellen.

Bei Dienstleistern etwa (aber nicht nur dort) kann das eine zielführende Vorgehensweise sein. Ich habe für einen Blogbeitrag ausgerechnet, wie viel Stunden Zeitaufwand in einem Vortrag stecken, für den ein Keynote-Speaker letztlich

45 Minuten auf der Bühne steht und dafür z. B. 5.000 Euro erhält. Das Honorar klingt enorm hoch und kann Redner schon einmal „schwächeln“ lassen, wenn es um einen etwaigen Nachlass geht. Doch genau berechnet ist der Stundensatz oft nicht höher als der eines guten Autospenglers. Andere Dienstleister können dasselbe tun, indem sie genau erfassen, wie viel Zeit sie tatsächlich in einen Auftrag stecken, um dann vielleicht sogar festzustellen, dass sie nicht zu teuer sind, sondern die Preise selbstbewusst erhöhen sollten.

Wenn Sie physische Produkte verkaufen, können Sie in ähnlicher Art und Weise verfahren. Machen Sie sich bewusst wieviel Arbeit in der Herstellung des Produktes steckt, wie hochwertig die Materialien sind und wie gut die Verarbeitung ist. Sie können diesbezüglich natürlich auch den Hersteller des Produktes fordern (wenn das nicht Sie selbst sind) und sich von ihm erklären lassen, warum das Produkt kosten muss, was es kostet. In größeren Organisationen übernimmt diese Aufgabe oft das Produktmarketing.

Wenn Sie ein Team von Verkäuferinnen und Verkäufern haben oder sogar eine größere Vertriebsorganisation, sollten Sie sich eines wesentlichen Punktes immer bewusst sein:

Die ersten und wichtigsten Kunden sind die eigenen (Verkaufs)mitarbeiter.

Wenn diese überzeugt sind, dass die Produkte und Leistungen, die sie verkaufen jeden Cent wert sind, werden sie wenig oder gar keine Probleme haben, Ihre Preise zu „stehen“ und sie Kunden gegenüber durchzusetzen. Wenn Sie Führungskraft sind, sorgen Sie daher dafür, dass Ihre Verkäuferinnen und Verkäufer zumindest überzeugte, noch besser begeisterte Kunden sind.

Üben Sie

Sollten Sie es nicht schaffen, sich vom Wert zu überzeugen, haben Sie ein Problem. Wenn das oft oder gar immer der Fall sein sollte, dann haben Sie ein sehr grundlegendes Problem, für dessen Lösung Sie etwas am Einkauf, am Produkt oder der Leistung ändern sollten bzw. sich im Extremfall – wenn Sie angestellt sind – ein anderes Unternehmen suchen sollten.

Wenn dieses Problem nur in Einzelfällen auftritt, können Sie es auch lösen, indem Sie Ihre Unsicherheit überspielen. Was bedeutet das? Das Gefühl bleibt, aber Sie zeigen es dem Kunden gegenüber nicht mehr. Wenn Sie das gut machen, werden Sie damit auch Verkaufserfolge erzielen. Diese Erfolge machen Sie wieder sicherer auch in Sachen Preis. Dadurch werden Sie noch erfolgreicher ... ein Spirale, die sich in die richtige Richtung dreht.

Sicher zu wirken, auch wenn Sie noch unsicher sind, schaffen Sie, indem Sie die Kommunikation rund um das Thema Preis und Preisnennung (im Speziellen) üben. Üben Sie einzelne Passagen (die Preisnennung etwa, zu der wir später noch kommen) oder auch Antworten auf Preiseinwände des Kunden.

Eine sehr hilfreiche Sammlung solcher Antworten finden Sie übrigens im Buch „Zu teuer! – 118 Antworten auf Preiseinwände“. Hier finden Sie mehr dazu www.romankmenta.com/shop.

Wichtig ist, dass Sie laut sprechend üben. Die Wahl Ihrer Worte, Ihre Tonalität und auch Ihre Körpersprache müssen automatisiert werden. Solange Sie darüber nachdenken müssen, was Sie sagen, und vor allem, wie Sie es sagen, wird es Ihnen schwerfallen, das in einem echten Preisgespräch auch kongruent und glaubwürdig zu transportieren. Nehmen Sie sich dabei auf Ihrem Smartphone auf – mit Bild und Ton. Das hilft beim Üben.

Holen Sie sich zwecks Unterstützung für die Übung auch ab und an einen Kollegen (oder den Chef) als Sparringpartner und lassen Sie sich auch von diesem Feedback geben. Natürlich empfiehlt es sich auch immer wieder, ein Seminar zu besuchen oder sich von einem Profi dabei coachen zu lassen. Das Geld, das Sie dabei investieren, holen Sie möglicherweise (je nachdem, was Sie verkaufen) bereits beim nächsten Preisgespräch wieder heraus.

Pushen Sie Ihr Selbstbewusstsein

Letztlich geht es dabei ja – neben der Gesprächstechnik – um das Thema Selbstbewusstsein. Als kleinen Trick können Sie dieses punktuell vor einem wichtigen Preisgespräch pushen, indem Sie sich die passende Musik anhören. Die meisten Menschen haben Musikstücke, die dazu führen, dass sie sich stärker und selbstbewusster fühlen. Ob das ein Klavierkonzert von Mozart oder „We are the Champions“ von Queen ist, bleibt Ihnen überlassen. Drehen Sie die Lautstärken auf, dann wirkt der kleine Trick oft noch besser.

Ziele vorbereiten

Das Nächste, was Sie unbedingt vorbereiten müssen, sind Ihre Ziele in Bezug auf den Ausgang der Preisverhandlung. Wenn das nicht gemacht wird, kann es in der Hitze des Gefechtes passieren, dass Sie über das Ziel hinausschießen und danach mit Schrecken feststellen, dass Sie mehr Zugeständnisse gemacht haben, als Sie sich eigentlich leisten können.

Genauer gesagt brauchen Sie drei Ziele bzw. Preise:

- Den „Walk in" Preis – Das ist jener Preis bzw. jene Kondition, mit dem / der Sie die Verhandlung beginnen.
- Den Zielpreis – Das ist eigentliche Ziel, das Sie in der Verhandlung erreichen wollen.
- Den „Walk away" Preis – das ist die finale unterste Grenze, unter die Sie nicht gehen bzw. bei der Sie die Verhandlung abbrechen und gehen würden (daher die Bezeichnung).

Der „Walk in" Preis

Das ist der Preis, der typischerweise in einem Angebot steht und mit dem Sie in die Verhandlung einsteigen. Dieser Preis dient psychologisch betrachtet auch als Preisanker. Mit dem Ankern als sehr wirksame Methode für Preisverhandlungen werden wir uns etwas später noch genau auseinandersetzen. Er stellt die Ausgangssituation dar, von der Ihr Gegenüber den Preis herunterverhandeln muss.

Der Zielpreis

Der Zielpreis ist Ihr eigentliches Ziel, auf das Sie sich vor dem Gespräch fokussieren sollten – und auch währenddessen. Wo dieser Wert liegt, hängt von Ihrer Verhandlungsstrategie bzw. Preisstrategie ab, die wir uns gleich noch genauer ansehen werden. Er könnte mit Ihrem „Walk in“ Preis übereinstimmen, wenn Sie keinen Verhandlungsspielraum beim Preis haben. Er könnte – theoretisch – auch mit dem „Walk away“ Preis übereistimmen. Ich würde aber unbedingt empfehlen, dass er über diesem liegt.

Der „Walk away“ Preis

Diese unterste Grenze ist der Preis, unter den Sie keinesfalls gehen wollen bzw. dürfen, um bei dem Geschäft noch ausreichend Geld zu verdienen, bzw. (als obere Grenze formuliert) jener Nachlass, den Sie maximal geben können. Diese Werte sollten Sie gut kennen, aber gleichzeitig nicht während der Preisverhandlung in Ihrem Fokus haben. Wenn Sie Ihren Fokus darauf legen, erhöht das die Wahrscheinlichkeit, dass Sie letztlich genau bei diesem Wert – dem Worst Case – landen.

Die beste Alternative

Worüber Sie vorab unbedingt nachdenken sollten, sind die sogenannten „besten Alternativen“. Was bedeutet es für Sie, aber auch für Ihren Kunden, wenn das Geschäft nicht zustande kommt, weil man sich etwa beim Preis oder den Konditionen nicht einigen kann?

Ihre besten Alternativen bestimmen Ihre Grenzen, was den Preis oder den Nachlass angeht. Wenn Sie etwa bei einem Nachlass, der über 15 Prozent hinausgeht, einen negativen Deckungsbeitrag hätten, also draufzahlen würden, dann ist Ihre beste Alternative z. B. das Geschäft nicht abzuschließen, weil Sie dann besser aussteigen. Das ist natürlich nicht immer so einfach zu definieren, weil in manchen Unternehmen z.B. Produktionsanlagen am Laufen gehalten und Mitarbeiter beschäftigt werden müssen. Da kann es durchaus sein, dass Sie im Verkauf zwar einen negativen Deckungsbeitrag erzielen, aber die Produktion von einem Auftrag dennoch profitieren würde und der Auftrag insgesamt betrachtet dennoch Sinn machen kann. Ein manchmal komplexes Thema – es lohnt, darüber nachzudenken.

Aus der Sicht des Kunden ist die beste Alternative oft das gewünschte Produkt bzw. die benötigte Leistung von einem Ihrer Mitbewerber zu kaufen. Hier stellt sich die Frage: Wie viel verlangen die Mitbewerber? Kann er es dort zum selben Preis kaufen oder verlangt der Mitbewerb mehr oder gar weniger? Aber auch der Kunde steht vor einer komplexeren Entscheidung. Der Preis allein ist nur in wenigen Ausnahmefällen das einzige Kriterium, das die beste Alternative definiert. Wenn ein Angebot etwa um 10 Cent pro Stück niedriger ist, aber zusätzliche Transportkosten in der Höhe von 15 Cent verursacht, ist das ein relevanter Entscheidungsfaktor. Auch weichere Faktoren wie Zuverlässigkeit, Image oder Qualität spielen dabei eine oft wesentliche Rolle.

Der Worst Case für Sie ist es, wenn Ihr Kunde exakt dasselbe Produkt derselben Marke (falls es ein Markenprodukt gibt) woanders ohne nennenswerten Zusatzaufwand deutlich billiger kaufen kann. Das ist im Einzelhandel oft der Fall und wurde in den letzten Jahren durch den Online-Handel noch verschärft. Hier gilt es dann dennoch Unterschiede zu finden, die für den Kunden relevant sind und einen höheren Preis rechtfertigen könnten.

Der Best Case in Sachen „beste Alternative" ist eine Situation, in der es keine Alternativen für den Kunden gibt und dieser das, was Sie anbieten, dringend und unbedingt braucht. In diesem Fall haben Sie bei Preisverhandlungen – sollten die dann überhaupt stattfinden – und bei der Durchsetzung von Preisen und Konditionen ein relativ leichtes Spiel.

Letztlich geht es um die Frage: Was sind die Vorteile und Nachteile für den Kunden, die er bei der Definition seiner Möglichkeiten abwägt. Versetzen Sie sich in die Lage des Kunden und denken Sie aus seiner Sicht darüber nach. Das wird Ihnen bei der Vorbereitung helfen.

Gesprächsteilnehmer

Wer alles am Preisgespräch teilnimmt, kann ganz wichtig, sogar entscheidend sein. Sie sollten es in der Vorbereitung herausfinden. Es darf diesbezüglich keine Überraschungen für Sie im Gespräch geben. Bei besonders wichtigen Verhandlungen und großen Geschäften sollten Sie sich dann mit jedem einzelnen Teilnehmer vorab beschäftigen und eine Art Profil erstellen. Beantworten Sie für sich z. B. folgende Fragen zu jedem Teilnehmer:

- Wer ist er als Mensch (Lebenslauf, Hobbys, Familienstand etc.)?

- Was ist seine Aufgabe im Unternehmen?
- In welcher Funktion bzw. aus welchem Grund ist er beim Preisgespräch dabei?
- Wie wichtig ist er für die Entscheidung?
- Wovon würde er profitieren? – Es muss nicht immer der niedrigere Preis sein, wie wir noch sehen werden.
- Was können Sie ihm anbieten?

Das sind ein paar der wichtigsten Punkte, die Sie in der Vorbereitung abdecken könnten und bei großen Verhandlungen auch sollten. Gute Informationsquellen dafür sind natürlich das Internet, vor allem Soziale Medien, weil dort Menschen oft sehr viel von sich preisgeben. Sie können einige der Informationen übrigens auch über Ihre bestehenden Kontakte beim Kunden herausfinden.

Doch nicht nur im B2B-Bereich bei (großen) Geschäften mit Unternehmen macht diese Art Vorbereitung Sinn. Auch im B2C-Bereich (im Privatkundengeschäft) ist sie definitiv zu empfehlen. Wenn es z. B. um den Kauf einer Küche geht, dann ist es durchaus relevant, zu wissen, dass die Schwiegermutter auch beim Gespräch anwesend sein wird, und noch relevanter zu wissen, dass sie die neue Küche bezahlt.

Verhandlungen zu mehrt

Verkaufsgespräche zu mehrt (mehr als ein Teilnehmer auf Verkäuferseite), im Speziellen aber Preisgespräche, sind eine besondere Herausforderung. Grundsätzlich empfehle ich, Preisgespräche alleine zu führen, denn zu zweit, zu dritt oder zu viert wird alles komplexer. Allerdings gibt es Situationen, in denen es durchaus Sinn machen kann, zu zweit oder in einer kleinen Gruppe aufzutreten. Das hängt ab von

- der Größe und Wichtigkeit des Geschäftes – größere Geschäfte brauchen oft mehr Teilnehmer,
- dem Rang der Teilnehmer auf Kundenseite – einem Geschäftsführer auf Kundenseite sollte bisweilen ein Geschäftsführer oder zumindest Bereichsleiter auf Verkäuferseite gegenübersitzen,
- der Menge der Teilnehmer – wenn auf Kundenseite z. B. fünf Personen beim Preisgespräch anwesend sind, dann empfiehlt es sich, auch als Verkäufer nicht ganz alleine aufzutreten (fünf müssen es aber nicht sein).

Wenn Sie also zu mehrt ein Preisgespräch führen, ist es absolut erforderlich, sich vorab gut abzustimmen und folgende Punkte bzw. Fragen zu klären:

- Wer ist der Gesprächs-/Verhandlungsführer? – Das muss nicht der Ranghöchste sein. Im Normalfall sollte der zuständige Verkäufer diese Rolle übernehmen. Wenn nicht er, sondern sein Chef in diese Rolle schlüpft, nimmt das dem Verkäufer Kompetenz und der Kunde könnte sich in Zukunft vermehrt direkt an den Chef wenden.
- Was sind die Ziele und Gesprächsstrategien? – Das muss allen Teilnehmern des eigenen Teams klar sein.
- Was wollen Sie sagen, und vor allem: was auf keinen Fall?

- Wer spricht über den Preis, stellt Forderungen und macht gegebenenfalls Zugeständnisse? – Das muss sehr klar definiert sein. Ich habe es mehr als einmal erlebt, dass ein (manchmal verhandlungsunerfahrener) Vorgesetzter (weil es nicht zu seinen täglichen Aufgaben gehört, solche Gespräche zu führen) Zugeständnisse macht, die den Verkäufer blass werden lassen.
- Achten Sie dabei besonders auf Personen, die mit dem Vertrieb gar nichts zu tun haben – technische Experten etwa. Diesen sollte klar sein, warum sie dabei sind, und vor allem, wozu sie etwas sagen sollen bzw. dürfen. Bei solchen Teilnehmern ist die Gefahr, sich zu verplappern, relativ groß.
- Am besten ist es, dass der Gesprächsführer den anderen das Wort erteilt und das Gespräch gewissermaßen moderiert. Dann weiß jeder, an welcher Stelle er etwas sagen sollte.

Grundlegende Strategien

Nicht nur speziell für eine Preisverhandlung, sondern ganz generell gilt es, die grundlegenden Strategien vorzubereiten, was Preise und Konditionen betrifft. Im einfachsten Fall sind hier folgende Fragen zu beantworten:

- Sind Sie Hochpreisanbieter, der mit Qualität punktet, weniger Einheiten verkauft, aber die dafür mit guten Margen? Oder arbeiten Sie mit schmalen Deckungsbeiträgen und versuchen, dadurch viele Geschäfte an Land zu ziehen und Ihr Geld über die größeren Mengen zu verdienen. Das ist eine wichtige Frage, die die grundsätzliche Ausrichtung Ihres Unternehmens betrifft und nicht nur ein einzelnes Preisgespräch.

- Sind die Preise und Konditionen, die Sie anbieten, überhaupt verhandelbar? Das ist kein Muss. Es gibt Unternehmen, die eine Fixpreisstrategie betreiben.
- Worüber wollen Sie – wenn überhaupt – verhandeln? Es gibt ja – je nach Produkt und Branche – neben dem Preis auch noch andere relevante Konditionen. Boni, Zuschüsse, Aktionsnachlässe, Transport- und Lagerkosten ... doch dazu später noch mehr. Machen Sie eine Liste aller für Sie möglichen Verhandlungsfelder, auf die Sie auch jene schreiben, die nicht verhandelbar sind.
- Wenn über etwas von dieser Liste verhandelt werden kann, sollten Sie auch überlegen, ob und an welche Bedingungen eine Veränderung in den einzelnen Punkten geknüpft werden kann. Der Mengenrabatt ist dabei der Klassiker. Der Kunde kauft mehr und bekommt dafür einen niedrigeren Preis. Genauso könnten aber auch die Jahreszeit oder das Timing des Kaufes (Frühbucherpreise) relevant sein.

Je klarer Sie diese Fragen für sich beantworten bzw. diese Punkte definieren, desto einfacher tun Sie sich in Preisgesprächen, weil Sie dann eine klare Leitlinie haben, an der Sie sich ausrichten können.

Potenzielle Argumente

Als Verkäufer mit zumindest ein wenig Erfahrung wissen Sie, welche Argumente Ihre Kunden in Preisverhandlungen bringen könnten bzw. werden. Üblicherweise sind es gar nicht viele verschiedene. In Gesprächen mit Verkäufern in unterschiedlichsten Branchen habe ich noch nie mehr als zehn unterschiedliche Argumente gehört. Das bedeutet aber auch, dass – nachdem Ihnen diese vorab bekannt sind – Sie sich auf diese Einwände des Kunden vorbereiten können. Überlegen Sie sich passende Antworten bzw. Vorgehensweisen in Bezug auf jedes einzelne Argument. Es kann bzw. darf keinen Einwand in Preisgesprächen geben, der Sie vollkommen unvorbereitet trifft.

Forderungen an den Kunden

In Bezug auf Preisverhandlungen wird von Verkäufern oft zu einseitig gedacht. Sie denken meist nur daran, was Sie dem Kunden alles geben könnten oder müssen. Doch eine der grundlegenden Strategien, die wir uns später genau ansehen werden, beinhaltet auch Zugeständnisse des Kunden an Sie.

In der Vorbereitung sollten Sie daher auch überlegen (und sich eine Liste machen), was der Kunde Ihnen alles geben bzw. Gutes tun könnte. Was nützt Ihnen? Die Chance, dass Ihnen in der Hitze des Preisgespräches spontan die besten Ideen dazu kommen, ist gering. Denken Sie daher in aller Ruhe vorab darüber nach.

Wie Sie diese Idee – Forderungen an den Kunden zu stellen – in einer Preisverhandlung dann einsetzen und zu Ihrem Vorteil nutzen, werden wir uns noch genauer ansehen.

Verhandlungsort

Es macht auch einen Unterschied, wo die Preisverhandlungen stattfinden. Grundsätzlich gibt es folgende Varianten:

- In Ihrem Geschäft oder Büro
- In den Räumlichkeiten des Kunden
- An einem „neutralen" Ort (eher selten und auf sehr spezielle Branchen und Geschäftsfälle beschränkt)
- Über das Telefon
- Über ein Online-Video-Meeting-Tool wie Teams oder Zoom (eine Variante, die in den letzten Jahren stark an Bedeutung gewonnen hat).

Wenn Sie die Gespräche physisch führen wollen, dann stellt sich also die Frage: „Bei Ihnen oder beim Kunden?" Ein wichtiger Unterschied liegt in der Macht der einzelnen Verhandlungspartner. Wenn die Verhandlung bei Ihnen geführt wird, gewinnen Sie an Macht, wenn sie beim Kunden stattfindet, dann er. Das ist aber nur ein Faktor, was die gesamte Verhandlungsmacht betrifft.

Die Regel lautet daher: Wenn Sie Ihre Macht erhöhen wollen, sollte es Ihr Ziel sein, dass Ihr Kunde zu Ihnen kommt. Natürlich kann es im Einzelnen Gründe geben, aus denen Sie zum Kunden kommen, um Preisgespräche zu führen. Nichts ist in Stein gemeißelt, Sie sollten es nur nicht dem Zufall überlassen, wo Sie verhandeln.

In vielen Situationen, im Einzelhandel etwa, wird über den Preis so gut wie immer im Geschäft des Verkäufers gesprochen. In anderen Situationen ist das nicht so klar und bietet Spielraum, den Sie nutzen sollten.

Übung

Auch, wenn ich es vielleicht schon erwähnt habe, möchte ich es hier nochmals betonen: Um das, was Sie sich strategisch, taktisch oder kommunikativ vorgenommen haben, im Preisgespräch umzusetzen, sollten Sie vorab üben. Je wichtiger das Geschäft und komplexer die Gesprächssituation ist, desto mehr Sinn macht es, Vorbereitungszeit in Übung zu stecken.

Übung kann dabei bedeuten, dass Sie einzelne kleine Gesprächssequenzen nur für sich selbst – laut sprechend (sonst wird es nicht verinnerlicht) – immer wieder sagen. In der maximalen Version kann Übung auch bedeuten, dass Sie die Verhandlungssituation möglichst praxisnah in verteilten Rollen durchspielen und sich dabei vielleicht auch noch von einem Experten begleiten und coachen lassen. Bei großen, wichtigen Preisverhandlungen kann das absolut Sinn machen.

Wie erwähnt, finden Sie im Ressourcenbereich zum Buch auch noch eine umfangreiche Checkliste zur Vorbereitung auf Preisgespräche und Verhandlungen zum Download (https://www.romankmenta.com/bap-preisverhandlungen/).

Exkurs Verhandlungsfelder

Verhandlungsfelder

Ein Grund warum sich Preisverhandlungen manchmal mühevoll in die Länge ziehen können und am Ende vielleicht nicht zum gewünschten Ergebnis, einem Verkauf bzw. Kauf führen ist, dass der Fokus zu sehr auf dem Preis liegt. Doch der Preis ist bei Weitem nicht der einzige Punkt, der die Beteiligten interessiert – weder den Verkäufer noch den Kunden. Er ist nur der Punkt, der allen immer als erstes und oft als einziges einfällt.

Doch bei genauerer Betrachtung gibt es eine Reihe von anderen Punkten, über die verhandelt werden kann – zusätzlich zum oder auch anstatt des Preises, wenn dieser nicht verhandelbar ist. In manchen Branchen – vor allem dort, wo auch professionelle Einkäufer im Spiel sind – werden diese Verhandlungsfelder bereits weidlich genutzt. In anderen geht es immer nur um den Preis.

Wenn Sie über mehr bzw. anderes als den Preis verhandeln, kann das für Sie als Verkäufer Vorteile, aber auch Nachteile haben. Ich selbst war in meiner Zeit im Markenartikelbereich oft genug mit Konzerneinkäufern konfrontiert, die das Spiel mit den Verhandlungsfeldern sehr erfolgreich spielten. Auch Kunden, die Lebensmittel produzieren und über die Einzelhandelskonzerne im Lebensmittelhandel verkaufen, berichten mir Ähnliches.

So ist es zum Beispiel dort nicht unüblich über

- die Standardkonditionen
- einen Jahresmengenbonus
- Sonderrabatte für spezielle Produkte oder Aktionen
- einen Qualitätsbonus (der nach unterschiedlichen Kriterien definiert sein kann)

- einen grundlegenden Werbekostenzuschuss wie auch zusätzliche Werbekostenzuschüsse für Sonderaktionen
- ein Listungsentgelt – für die zentrale Aufnahme ins Sortiment und für jeden einzelnen Standort und das pro Produktversion (SKU)

... und je nach Kreativität des Einkäufers auch noch einiges mehr zu verhandeln. Ich bezeichne diese Vorgehensweise seitens Einkäufer auch gerne als Salamitaktik. In den einzelnen Verhandlungsfeldern muss es nicht viel sein, was da an Zugeständnissen verlangt wird – ein halber Prozentpunkt hier, 1.000 € dort – in Summe wird aber die Ertragswurst scheibchenweise abgeschnitten, sodass am Ende oft nur mehr erschreckend wenig übrig bleibt.

Das soll jetzt nicht bedeuten, dass die Verhandlungsfelder schlecht sind, auch die Salamitaktik ist es nicht. Denn genauso wie der Einkäufer können Sie als Verkäufer die Verhandlungsfelder und die scheibchenweise Strategie der Salamitaktik nutzen, um Ihrerseits bei Verhandlungen besser abzuschneiden.

Dafür braucht es

- die Kenntnis bzw. Definition der möglichen Verhandlungsfelder
- gute Vorbereitung und
- einen guten Überblick während der Verhandlung.

Welche Verhandlungsfelder gibt es nun? Nachfolgend finden Sie eine Liste der verbreitetsten Themen und Punkte, über die in vielen Branchen verhandelt wird. Doch lassen Sie sich davon nicht einschränken. Ich bin sicher, dass Sie, wenn Sie sich damit beschäftigen, auf weitere Ideen kommen werden, die spezifisch für Ihre Branche, Ihr Unternehmen oder sogar für einen ganz speziellen Kunden oder ein besonderes Geschäft sind.

Preise differenziert nach einzelnen Bereichen

Die Preise selbst stellen ein grundlegendes Verhandlungsfeld dar. Oft ist es hilfreich, das Angebot in einzelne Teilbereiche getrennt zu betrachten. Dabei können kundenindividuell bei manchen Teilen des Angebots Nachlässe gewährt werden, bei anderen nicht. Je nach Interessensschwerpunkten beim Kunden und Kriterien wie etwa Margen und Mengen beim Verkäufer. Und einen gewünschten Nachlass nur für ein bestimmtes Produkte oder eine Teilleistung zu gewähren, ist meist besser für den Verkäufer als der Pauschalrabatt auf alles.

Das Timing

Auch die zeitliche Komponente in Geschäften liefert manchmal interessante Verhandlungsspielräume. Zum Beispiel könnte ein bestimmter Preis oder Nachlass nur gelten, wenn der Kunde bis zu einem bestimmten Termin bestellt. Bestellt er später, gilt dann ein anderer, höherer Preis. Wann der Termin ist und welche Konditionen an diesen geknüpft sind, darüber lässt sich verhandeln.

Der Leistungsumfang / die Mengen

Der Umfang der Leistung, die Menge der Produkte selbst kann natürlich im Zuge von Verhandlungen größer oder auch kleiner werden. Bei größeren Mengen mehr Nachlass zu gewähren, sind ein Klassiker.

Doch der Umfang der Leistung kann sich nicht nur auf die Größe des Projektes beziehen. Denken Sie dabei auch an Teilleistungen, die entweder Sie oder auch der Kunde selbst übernehmen kann. Das können natürlich auch Leistungen sein, die mehr oder weniger profitabel für Sie sind. Sie können sozusagen den Do-It-Yourself Anteil des Kunden verringern und dafür einen niedrigeren Preis gewähren oder umgekehrt.

Die Art der der Leistung / des Produktes

Doch nicht nur die Menge der Leistungseinheiten oder des Produktes ist verhandelbar. Es kann auch die Art der Leistung oder des Produktes im Zuge von Verhandlungen verändert werden. Sie haben als Verkäufer vielleicht bei einigen Produkten oder Leistungen mehr Margenspielraum als bei anderen. Oder aber Sie möchten lieber, dass der Kunde die innovative Variante A kauft als die traditionelle Variante B, um für A einen Vorzeigekunden zu haben.

Zahlungskonditionen

Die Zahlungskonditionen – Teilzahlung, Zahlungsfristen, Zahlungsarten, Skonti etc. – fließen oft als Thema in Verhandlungen mit ein. In manchen Branchen kann es lukrativ sein, den Verkauf zu finanzieren, statt ihn bar zu bezahlen. Daraus können sich sehr interessante Win-Win Situationen für Kunden und Verkäufer ergeben.

Fixe Zusagen

Natürlich können fixe Zusagen – seitens Kunden oder aber auch Verkäufer – Verhandlungen bereichern und neue

Möglichkeiten bieten, handelseinig zu werden. Diese können Mengen, Lieferfristen oder auch alle Arten anderer für Sie wichtiger Punkte betreffen.

Dauer von Vereinbarungen

Überall dort, wo Vereinbarungen auf Zeit abgeschlossen und vertraglich geregelt werden, ist die Dauer dieser Vereinbarung natürlich etwas, das diskutiert werden kann. Länger, aber auch kürzer – je nachdem worum es geht, kann ein Vorteil für Sie als Verkäufer sein.

Boni

Der vom Kunden gewünschte Preisnachlass muss nicht unbedingt direkt bei der Bestellung bzw. Verrechnung erfolgen. Dieser kann auch indirekt und zeitverzögert in Form von Boni, deren Auszahlung an bestimmte Bedingungen geknüpft werden – gegeben werden. Die Höhe und Auszahlung der Boni kann von gewissen Mindestmengen, die über einen gewissen Zeitraum abgenommen werden, geknüpft sein. Aber auch andere Dinge, wie Qualitätskriterien in der Zusammenarbeit, ein bestimmter Produktmix über den Zeitraum hinweg oder auch die Präsentation Ihrer Produkte im Geschäft Ihres Händlers etwa, können als Erfüllungskriterien für Boni dienen.

Das hat für den Kunden den Vorteil, dass er möglicherweise sogar mehr erhält als bei einem unmittelbar gesenkten Einkaufspreis. Auch der Verkäufer profitiert davon, weil sichergestellt ist, dass nur dann ein Nachlass in Form einer Rückvergütung gegeben wird, wenn dafür auch die vereinbarten Bedingungen erfüllt wurden. Ein Win-Win.

Gutschriften

Zum Unterschied von Boni, werden Gutschriften oder in manchen Branchen auch Gutscheine dem Kunden sofort gegeben. Im Prinzip sind Gutschriften und Gutscheine zwar dasselbe, wobei Gutscheine im Normalfall im Geschäft mit Endverbrauchern verwendet werden und oft auch den Charakter eines eigenständigen Produktes annehmen, das auch separat gekauft werden kann. Gutschriften hingegen werden im Normalfall an Stelle von Gutscheinen im B2B Geschäft genutzt.

Beide kann der Kunde dann später – beim nächsten Kauf – einlösen. Damit hat der Kunde einen Preisnachlass, allerdings eben nicht sofort, sondern in der Zukunft, typischerweise beim nächsten Kauf. Die Einlösung der Gutscheine (normalerweise nicht der Gutschriften) kann an bestimmte Bedingungen gebunden sein. Oftmals ist es ein bestimmter Mindesteinkaufswert oder der Kauf eines bestimmten Produktes. In Kombination mit Zusatzverkäufen sind Gutschriften bzw. Gutscheine z.B. sehr gut einsetzbar.

Kalkulatorisch betrachtet verteilt sich der Nachlass für Sie als Verkäufer auf zwei Käufe und kostet Sie so prozentual betrachtet weniger, als wenn Sie den Nachlass gleich bei dem Kauf gewähren, über den Sie gerade verhandeln. Sie haben dabei nicht wirklich etwas zu verlieren. Wenn der Kunde wiederkommt, um seine Gutschrift einzulösen, haben Sie Zusatzumsatz. Die Kundenbindung wird dadurch verstärkt. Kommt der Kunde nicht wieder, um seinen Gutschein einzulösen, haben Sie keinen Nachlass gewährt und nichts verloren.

Besondere Produkte oder Leistungen

Auch der Kauf von besonderen Produkten und Leistungen kann – wie vorhin bereits angedeutet - etwas sein, was Sie als Verhandlungsfeld in Ihre Preisverhandlung miteinbeziehen können. So können oder wollen Sie zum Beispiel beim Produkt A, das der Kunde haben möchte, keinen Nachlass gewähren.

Sollte der Kunde sich allerdings bereit erklären, stattdessen das Produkt B zu kaufen (das im Prinzip denselben Nutzen erfüllt), dann könnten Sie im Gegenzug preislich flexibler sein. Produkt B könnte etwa ein ganz neues Produkt sein, das Sie besonders forcieren möchten, um es in den Markt einzuführen. Oder aber Produkt B ist eines, das Sie auf Lager haben und dringender verkaufen wollen.

Sicherheiten und Garantien

Ein spannendes Verhandlungsfeld sind Garantien und Sicherheiten jeder Art. Sicherheit ist in vielen Bereichen etwas, was dem Kunden – aber auch dem Verkäufer – ein großes Bedürfnis ist. Daher ist alles, was die Sicherheit erhöht etwas, was für die Verhandlungspartner einen hohen Wert haben kann.

Ein spezieller Fall sind Sicherheiten im Zusammenhang mit der Zahlungsleistung des Kunden – Bankgarantien, Bürgschaften und ähnliches.

Garantien bieten ein weites Feld von sehr interessanten Möglichkeiten, da sie sich auf beinahe alles beziehen können. Sie stellen nicht nur ein Verhandlungsfeld dar, sondern sind auch ein schwergewichtiges Marketinginstrument. Der US-amerikanische Schädlingsbekämpfer Burger Bug Killers (http://bugsburger.net/guarantee.php) nutzt eine unglaublich schlagkräftige Garantie als Hauptargument, um deutliche höhere Preise (teilweise das Mehrfache des Mitbewerbers) durchzusetzen.

Pönalen

Auch über Pönalen kann verhandelt werden. Diese sind nicht einzeln zu sehen, sondern stehen im Zusammenhang mit anderen Verhandlungsfeldern wie Garantien, Mengenzusagen oder auch Vereinbarungen, die bestimmte Qualitäten und Lieferzeiten betreffen. Sie können sowohl für Verkäufer als auch für Kunden gelten.

Lieferung

Parameter, die die Lieferung betreffen, sind ebenso ein Verhandlungsfeld, das ergiebig sein kann. So hatten wir zum Beispiel in meiner Zeit bei Samsonite, dem Weltmarktführer im Reisegepäcksektor, immer wieder ganze Wagenladungen von Aktionsprodukten an einzelne, größere Händler verkauft. Diese fuhren dann von der Fabrik direkt zum Händler, um dort entladen zu werden, anstatt über das Zentrallager ausgeliefert zu werden. Die Ersparnis an Transportkosten war nicht unerheblich. So konnte allein dadurch dem Händler ein besserer Preis gemacht werden, ohne die eigene Marge zu reduzieren.

Aber nicht nur die Mengen und die Art der Lieferung kann verhandelt werden, sondern auch die Geschwindigkeit und bestimmte Zeiten der Lieferung sind in manchen Bereichen interessante Parameter. Dabei muss schneller nicht immer besser sein.

Serviceleistungen

Ein wirklich weites Feld für Verhandlungen sind alle Arten von (zusätzlichen) Serviceleistungen, die mit der Kerndienstleistung oder auch dem Produkt im Zusammenhang stehen. Typischerweise sind das Leistungen, wie

- Reparaturservices (Geschwindigkeit, Ort, Kosten)
- Lieferung / Zustellung
- Aufbau und Inbetriebnahme

Diese Leistungen können Teil des Gesamtpaketes sein und deren Preise bieten einen gewissen Verhandlungsspielraum, ohne dabei den Preis des Hauptangebotes selbst ändern zu müssen. In vielen Fällen ist es sehr viel besser, zum Beispiel den Aufbau zur kleinen (kostendeckenden) Pauschale dazuzugeben, als den Preis des Hauptangebotes zu reduzieren.

Zusatzprodukte

Derselbe Grundgedanke steckt dahinter, wenn Sie zusätzliche, ergänzende Produkte in die Verhandlungen miteinbringen. Oft sind das Zubehör, Ersatzteile oder Verbrauchsmaterialien. Diese müssen nicht gratis hergegeben werden. Ein Nachlass auf ein Zubehörteil kann in der Verhandlung auch schon helfen und kostet Sie meist weniger als ein Nachlass auf Ihr Hauptprodukt bzw. Ihre Kerndienstleistung. Vor allem wird dadurch der Preis für das Kernangebot nicht zukünftige Geschäfte oder andere Kunden (die davon erfahren) kaputt machen.

Gegengeschäfte

Ein wenig komplexer, aber durchaus machbar ist es, Gegengeschäfte ins Verhandlungsspiel miteinzubringen. Medien, in denen geworben werden kann, machen so etwas immer wieder gerne. Was meine ich damit? Ein Autohändler schaltet eine Serie von Anzeigen in einer größeren Zeitung. Die Zeitung erhält dafür kein Geld (oder nur einen Teilbetrag), sondern ein Fahrzeug – übereignet oder auch nur für einen gewissen Zeitraum zur Verfügung gestellt. Im zweiten Fall kann es zum Beispiel als Firmenfahrzeug für den Außendienst der Zeitung genutzt werden. Wenn das Auto in den Besitz der Zeitung übergeht, kann diese es verkaufen und sich so refinanzieren. Ein Kunde von mir, ein größerer Zeitschriftenverlag, hatte eine eigene kleine Abteilung, um solche Gegengeschäfte profitabel abzuwickeln.

Wenn Ihr Kunde ohnehin auch einer Ihrer regelmäßigen Lieferanten sein sollte, bietet das Spiel mit Gegengeschäften natürlich noch weitere Möglichkeiten. Im Vergleich zu einem simplen Preisnachlass steigt der Komplexitätsgrad des Geschäftes dadurch stark an. Gleichzeitig gibt es die Möglichkeit, Lösungen zu erarbeiten, bei denen beide Verhandlungspartner gewinnen.

Die aufgelisteten Verhandlungsfelder sind sicher nicht alle, die es gibt. Gleichzeitig sind es sehr viel mehr, als typischerweise in Verhandlungen zwischen Verkäufern und Kunden genutzt werden. Überlegen Sie, welches Feld Sie in Ihren Verhandlungen sinnvoll und möglichst unkompliziert einsetzen können. Dabei werden Sie sehr wahrscheinlich auf Ideen kommen, die Sie deutlich über das klassische „Herumgezerre“ um den Preis hinausführen.

Indexklauseln

Gerade in Zeiten, in denen sich Kosten rasch und dramatisch ändern können, sind Indexklauseln in länger laufenden Verträgen mit Kunden keine Option mehr, sondern häufig ein unabdingbares Muss. Sonst könnte ein gutes Geschäft ganz rasch zu einem werden, bei dem im besseren Falle nichts mehr verdient wird. Und diese Indexklauseln bieten Raum für Verhandlungen. Man kann über die Art der Klausel verhandeln (an welchen Index wird sie gebunden, wenn überhaupt), oder auch eine eigene Indizierung definieren.

Schadenersatz und Selbstbehalt

In manchen Branchen sind Schadensfälle an der Tagesordnung. Bei diesen stellt sich immer die Frage: Wer ist verantwortlich und vor allem wer zahlt? In den Branchen, die das betrifft, ist es ein Verhandlungsfeld, das durchaus spannend sein kann. Timing, Verschulden und Selbstbehalt sind hier Kriterien, die besprochen und definiert werden können. Manchmal kann es auch die Möglichkeit geben, spezifische Versicherungen mit ins Spiel zu bringen.

Bevorzugte Behandlungen

Bei Softwareunternehmen oder anderen Service-Dienstleistern, bei denen es darauf ankommt, dass der Kunde im Problemfall rasche Unterstützung bekommt, ist die Geschwindigkeit dieser Unterstützung etwas, wofür der Kunde üblicherweise bezahlen muss. Je schneller, desto teurer. Das ist eine Art der bevorzugten Behandlung, doch nicht die einzige.

Etliche Unternehmen haben ein VIP-Kundenkonzept definiert, in dessen Rahmen bestimmte Kunden besondere

Vorteile genießen. Diese Vorteile können weit über das eigentliche Produkt bzw. die angebotene Dienstleistung hinausgehen und auch Dinge, wie besondere Betreuung, Kundenreisen oder Events umfassen. Zugegeben, bedingt durch immer schärfer werdende Compliance Regeln, ist die Hochzeit der VIP-Kundenclubs vermutlich vorbei. Doch das bedeutet nicht, dass bevorzugte Behandlungen nicht ein Element sind, das Sie auf den Verhandlungstisch werfen könnten.

Wie können Sie Ihren Kunden bevorzugt behandeln. Was können Sie diesem speziellen Kunden bieten, was nicht alle anderen auch bekommen. Das kann alles Mögliche sein, oft auch etwas ganz Spezielles, das nur für diesen Kunden einen Wert hat. Seien Sie kreativ. In diesem Verhandlungsfeld gilt ganz besonders, dass Sie sich hier besonders gut vorbereiten müssen. Solche Dinge fallen Ihnen vermutlich nicht spontan während der Verhandlung ein.

Testimonials

Eine Leistung, die der Kunde in die Verhandlung einbringen kann (bzw. Sie ihm vorschlagen können), ist eine, die ihn nichts kostet und für Sie ggfs. eine Menge wert sein kann: Er steht als Testimonial zur Verfügung. Ein gutes Testimonial (idealerweise mit Namen, Unternehmen, Tätigkeit und manchmal auch Ort, Foto oder besser noch Video) ist etwas, das Ihnen in anderen Geschäftsfällen einen Vorteil verschaffen kann.

Das Konzept ist durchaus ausbaufähig. Einer meiner Kunden konnte einen seiner Kunden (einen sehr renommierten in der Branche) dafür gewinnen, ihn im Rahmen einer Veranstaltung, bei der meine Kunde eine Verkaufspräsentation gehalten hat, sehr lobend anzumoderieren. Aber auch die Nutzung des Testimonials auf der Website, in Social Media Posts oder auch in gedruckten Unterlagen ist sehr hilfreich und wertvoll.

Empfehlungen und Kontakte

Die klassische Empfehlung ist eine weitere Sache, die Ihnen viel bringt und den Kunden nichts kostet und die sich daher sehr gut als zusätzliches Verhandlungsfeld eignet. Ganz nach dem Motto: „Wenn ich Ihnen hier entgegenkomme, dann verschaffen Sie mir dafür einen Kontakt zum Geschäftsführer Ihres Schwesterbetriebs." Das kann wie in diesem Fall ganz konkret vereinbart werden, oder auch als lose Zusage: „ich werde Sie weiterempfehlen." Fraglos ist die konkrete Variante die deutlich bessere und wertvollere.

Erwähnung in der Werbung

Während ich diese Zeilen schreibe, läuft täglich im Fernsehen ein Spot von Spar, in dessen Rahmen ein Bauer promotet wird. Es geht vor allem um diesen, seinen tollen neuen Betrieb und seine Produkte. Eine wirklich tolle Werbung für ihn. Die Marke Spar bietet den Rahmen, bleibt aber dezent fast im Hintergrund. Jetzt kenne ich die Konditionen dieses Werbedeals nicht, aber so etwas hat natürlich einen Wert, den man – seitens Spar – in die Konditionsverhandlungen einbringen kann (und vermutlich auch eingebracht hat). Spar entstehen dadurch keine Zusatzkosten, denn geworben hätten sie ohnehin.

Dasselbe Konzept können Sie natürlich auch als Verkäufer bzw. Lieferant für sich nutzen. Wenn Sie ohnehin werben (und das muss kein aufwändiger TV Spot sein), dann können

Sie Ihren Kunden im Rahmen Ihrer Werbung promoten und ihn gut aussehen lassen. Ganz nebenbei sagen Sie natürlich, was Sie Tolles für diesen Kunden tun und wie Sie zu seinem Erfolg beitragen. Ein Win-Win.

Und ja, dieses Verhandlungsfeld ist ein sehr spezielles, das vermutlich nur für ausgewählte Unternehmen interessant ist. Allerdings wäre es ein Irrglaube, dass das nur die großen Unternehmen wären. So könnte ich selbst zum Beispiel einen meiner Kunden und seine Erfolgsstory im Rahmen meines Newsletters oder meines Social Media Auftrittes promoten.

Das sollten die wesentlichsten Verhandlungsfelder sein, jene, die für viele Unternehmen und Verkäufer einsetzbar sind. Wie bereits erwähnt, erhebe ich mit dieser umfangreichen Liste allerdings keinen Anspruch auf Vollständigkeit. Ich bin überzeugt, wenn Sie sich kreativ auf die Suche begeben, finden Sie für Ihr Unternehmen auch noch andere interessante Verhandlungsfelder.

Diese Verhandlungsfelder, bzw. manche davon, werden wir im Zuge des Buches noch für bestimmte Verhandlungsstrategien benötigen. Dazu etwas später mehr.

3.
GRUNDREGELN VOR PREISVERHANDLUNGEN

Wenn ich an dieser Stelle über Regeln oder Strategien spreche, die Sie vor Preisverhandlungen einsetzen können, um bei ebendieser besser abzuschneiden, so beschränke ich mich darauf, die wichtigsten anzusprechen, ein paar davon detailliert.

Warum beschränke ich mich dabei? Im Grunde hat alles, was Sie und Ihr Unternehmen tun, Einfluss auf Preisgespräche. Der Einfluss mancher Faktoren geht sogar so weit, dass diese darüber entscheiden, ob es überhaupt zu einem Gespräch über den Preis, geschweige denn einer Verhandlung kommt.

So ist z. B. der gesamte Markenaufbau ein Bollwerk gegen Preisverhandlungen. Nicht, dass eine starke Marke heutzutage unbedingt davor schützt, mit Rabattforderungen des Kunden konfrontiert zu sein (in vielen Branchen schützt gar nichts mehr davor), aber es hilft dennoch. Starke Marken haben bessere Argumente, sich in Preisgesprächen durchzusetzen. Starke Marken sind allerdings nicht nur dem weithin bekannten Konsumgütermarken vorbehalten. Jeder kann in seinem Bereich eine Marke aufbauen.

Daher konzentriere ich mich bei den Strategien auf jene, die unmittelbar mit dem Preisgespräch zu tun haben. Da diese grundlegend sind, bezeichne ich sie als Basisstrategien.

Die Punkte bzw. Themen

- Vorbereitung,
- mentale Einstimmung (im Zuge der Vorbereitung),
- Ziele setzen und max. Zugeständnisse festlegen

könnte man auch zu den Grundregeln für Preisgespräche zählen. Diese haben wir bereits behandelt.

Solider Beziehungsaufbau

Die Beziehung zwischen den Verhandlungspartnern ist ein wichtiges Thema, aber auch ein zweischneidiges Schwert. Grundsätzlich ist es natürlich gut und erstrebenswert, zum Verhandlungspartner (deshalb spreche ich auch bewusst von „Partner“) eine gute und solide Beziehung zu haben. Studien haben gezeigt, dass die Wahrscheinlichkeit, dass Verhandlungen zu einem Ergebnis führen, dass es zu einer Einigung kommt, steigt, wenn sich die handelnden Personen kennen. Es hilft dabei auch bereits, wenn man sich nur kurz vorgestellt und ein paar Minuten ausgetauscht hat.

Was ist die Kehrseite der Medaille? Wir verhandeln mit Menschen, die wir gut kennen und auch schätzen oder mögen, weniger hart und machen gegebenenfalls mehr Zugeständnisse als gegenüber Menschen, die wir nicht kennen oder/und nicht mögen. Achten Sie daher ganz besonders auf Ihre

Kalkulation und Ihre Verhandlungsziele, wenn Sie dem Gegenüber fast freundschaftlich verbunden sind.

Andererseits gilt dasselbe aber auch für Ihren Gesprächspartner. Auch er wird Ihnen die Preishose nicht über die Knöchel hinunterziehen, wenn er sie gut kennt und auch mag. Daher ist es eine gute Basisstrategie, eine exzellente Beziehung zum Kunden zu haben, vielleicht sogar eine freundschaftliche, wenn Sie es schaffen, die Verhandlungssache (den Preis oder die Konditionen) vom Menschen zu trennen.

Saubere Bedarfserhebung

Eine Sache, die schon viel früher im Verkaufsprozess bzw. Verkaufsgespräch angesiedelt ist, für das Gelingen Ihrer Preisverhandlung aber eine hohe Bedeutung hat, ist die Bedarfserhebung oder auch Bedarfsanalyse.

Im Zuge dieser Phase im Verkaufsgespräch geht es vor allem darum, zwei Dinge herauszufinden:

- Was braucht oder will der Kunde?
- Wie will er es?

Um ein bildhaftes Beispiel zu bringen, könnte man sagen, dass Sie dem Kunden Ihr Produkt oder Ihre Leistung in einem Päckchen überreichen wollen. Das WAS bestimmt den Inhalt und das WIE bestimmt die Verpackung (welches Papier, mit oder ohne Schleife etc.), metaphorisch gesagt.

Das WAS herauszufinden, reicht in vielen Fällen heute nicht mehr. In vielen Branchen sind sich die Produkte und

Leistungen der Anbieter so ähnlich geworden, dass sie sich durch das WAS nicht mehr ausreichend oder auch gar nicht mehr unterscheiden. Das WAS zu kennen, ist die Grundlage, aber auch nicht mehr.

Als Profi wissen Sie auch über das WIE des Kunden bestens Bescheid. Anders gesagt geht es darum, zu wissen, was dem Kunden besonders wichtig ist in Bezug auf

- das Produkt / die Leistung
- die Zusammenarbeit
- die Lieferung
- die Verpackung
- die Zahlung
- Sie als Verkäufer.

All das kann sehr relevant sein und gibt vor allem bei vergleichbaren oder gleichen Produkten oft den Ausschlag. Je mehr Sie über Ihren Kunden wissen, desto leichter finden Sie – ggfs. auch sehr kreative Lösungen – was Preise und Konditionen betrifft. Wir hatten ganz zu Beginn des Buches kurz das Thema „win – win" angesprochen. Um ein solches Win für den Kunden bieten zu können, müssen Sie wissen, was überhaupt ein Win für den Kunden ist oder sein könnte.

Nur das, was dem Kunden wichtig ist, steigert auch den Wert für ihn (und damit auch die Chancen, einen höheren Preis durchzusetzen).

Der Köder muss dem Fisch schmecken
und nicht dem Angler.

Das vergessen viele Verkäufer, die von ihrem Produkt begeistert sind, in der Hitze des Gefechtes oft und verstehen dann die Welt nicht mehr, wenn der Kunde auf die vielen tollen Vorteile des Angebotes nicht anspricht.

Das wichtigste Instrument, um die Bedürfnisse Ihres Kunden herauszufinden sind Fragen. Die wichtigsten Fragetechniken und eine Vielzahl konkreter Fragen, die Sie in Ihrer Praxis einsetzen können, finden Sie im Buch „Gut gefragt ist halb verkauft“ (www.romankmenta.com/shop).

Darin wird nicht nur die Bedarfserhebung ausführlich abgedeckt, sondern auch alle anderen Phasen und Teilbereiche des Verkaufs, wie z.B. Verkaufsabschluss oder auch Reklamationen.

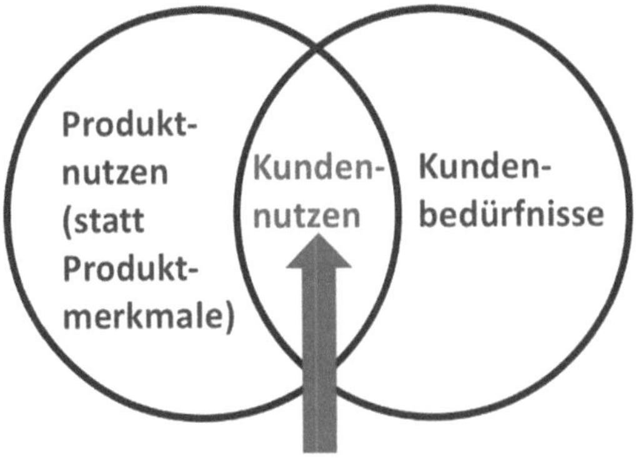

Wenn Sie die Bedürfnisse des Kunden kennen, können Sie diese mit Ihrem Angebot befriedigen und so den Wert erhöhen. Doch Achtung: Nur dort, wo der Nutzen des Produktes auf den Kundennutzen trifft (im Überschneidungsbereich der beiden Kreise) befinden sich jene Pluspunkte, die Ihnen gute Argumente in einer Preisverhandlung liefern können.

Anders sein

Letztlich geht es bei all dem darum, anders zu sein und sich vom Mitbewerb zu unterscheiden bzw. zumindest anders zu wirken. Je besser Sie das schaffen, desto leichter wird es Ihnen fallen, sich in Preisgesprächen durchzusetzen, weil Sie bzw. Ihr Angebot eben nicht vergleichbar sind.

Beim Anderssein spielen ein paar der bisher erwähnten kommunikativen Themen eine Rolle. Es geht aber auch sehr weit in die DNA eines Unternehmens hinein. Es geht um Marketing, Positionierung, Produktentwicklung und vieles mehr. Wie zu Beginn erwähnt, können Sie in Verhandlungen durchaus relevante Verbesserungen bezüglich Ihrer Preise erzielen (die dramatisch positive Auswirkungen auf Ihre Gewinne haben können).

Um Kunden dazu zu bewegen, für Ihr Produkt bzw. Ihre Leistung 20 % oder auch sehr viel mehr im Vergleich zum Angebot des Mitbewerbers auszugeben, müssen Sie von Ihren Kunden anders wahrgenommen werden. Wenn das nicht der Fall ist, wird der Preis das wesentliche Entscheidungskriterium bleiben.

4.
GRUNDREGELN WÄHREND DER PREISVERHANDLUNG

Ebenso wie vor, gibt es auch während der Preisverhandlung empfehlenswerte Vorgehensweisen, die ich im Folgenden als Grundregeln bezeichne. Diese sind wichtig und helfen Ihnen, ein besseres Ergebnis in Form eines höheren Preises oder Deckungsbeitrages zu erzielen.

Gesprächskontrolle behalten

Gerade in einer potenziell stressigen Phase eines Verkaufsgespräches, wie der Verhandlung über den Preis, ist es für den Verkäufer wichtig, die Kontrolle über das Gespräch zu bekommen bzw. zu behalten.

Wer die Kontrolle, die Gesprächsführung hat, wird durch viele Faktoren bestimmt. Natürlich spielen dabei die Machtverhältnisse eine wichtige Rolle. Wenn der Verkäufer das Geschäft dringend benötigt (und es sich vielleicht sogar um ein potenziell großes handelt) und der Kunde nicht unbedingt kaufen muss, fällt es dem Verkäufer – aufgrund dieses Machtungleichgewichtes – von Haus aus schwerer, die Kontrolle zu behalten. Auch die Persönlichkeit der Verhandlungspartner und der Selbstwert bzw. die Selbstsicherheit sind gewichtige Faktoren dabei. Ein hoher

Rang oder Status des Kunden macht es dem Verkäufer auch nicht leichter, die Gesprächsführung in der Verhandlung zu übernehmen.

Und doch gibt es kommunikative Instrumente, die Sie auch in ungünstigen Ausgangssituationen erfolgreich einsetzen können, um die Kontrolle über das Gespräch zu bekommen und auch zu behalten.

Um das zu schaffen, hilft Ihnen vor allem ein Instrument: die Frage. Fragen sind eines der stärksten Instrumente, um ein Gespräch zu lenken – auch ein Preisgespräch.

Wer fragt, der führt.

Wenn ich in Seminaren Teilnehmer zu Übungszwecken Verkaufsgespräche bzw. Preisverhandlungen beobachten lassen, können diese immer sehr treffsicher sagen, wer die Kontrolle im Gespräch hatte. Das ist meistens so klar, dass man darüber nicht lange nachzudenken braucht. Das Bauchgefühl sagt uns das sofort. Wenn ich das Gespräch dann aber genauer analysiere und die Frage stelle, warum der eine Gesprächspartner die Kontrolle über das Gespräch hatte, ist das oft nicht so einfach zu beantworten. Wir spüren es, wissen es aber nicht.

Der Grund dafür ist bei genauerem Hinschauen allerdings meist eindeutig. Der, der die Fragen stellt, hat die Zügel in der Hand. Es ist erstaunlich, wie stark Fragen diesbezüglich wirken.

Gerade in Preisgesprächen lassen sich Verkäufer von Kunden gerne in die Ecke drängen und die Gesprächsführung aus der

Hand nehmen. Kunden bringen Preiseinwände – *„das ist aber schon teuer"* – und die Verkäufer beginnen, sich für den Preis zu rechtfertigen und diesen zu verteidigen – *„Ja, aber dafür haben Sie auch ...*". Das ist der klassische Ablauf, wie er sich in sehr vielen Preisgesprächen wiederfindet.

Oder der Kunde stellt eine Frage wie *„Was können Sie denn da beim Preis noch machen?"* und der Verkäufer antwortet und beginnt, Nachlässe zu geben und sich selbst herunterzuhandeln. Stattdessen wäre es viel geschickter und zielführender für den Verkäufer, in der fragenden Rolle zu bleiben:

- *„Was meinen Sie denn mit ‚zu teuer' genau?"*
- *„Wieso meinen Sie, ich könnte mit dem Preis noch etwas machen?"*
- *„Einmal abgesehen vom Preis, was gefällt Ihnen an dem Angebot besonders?"*

So oder so ähnlich könnte ein Verkäufer mit Fragen kontern und damit die Kontrolle zurückbekommen. Fragen statt antworten, lautet eine der wichtigsten Grundregeln für Preisgespräche. Auch dafür finden sich viele nützliche Beispiele im Buch „Gut gefragt ist halb verkauft".

Zug um Zug

Ein weitere, ebenso wichtige lautet: Nichts geben, ohne auch etwas zu erhalten. Das „ausgleichende Geben und Nehmen" ist ein tiefsitzendes menschliches Bedürfnis. Wenn Sie zum

Beispiel eingeladen werden, ist es ein Muss, eine Gegeneinladung auszusprechen – selbst, wenn Sie die Person gar nicht so gut leiden können.

Daher ist es naheliegend, darauf auch beim Preisgespräch zu pochen. Wenn Sie etwas geben, müssen Sie auch etwas erhalten. Das empfinden wir nicht nur als fair, sondern es hat auch etwas mit Seriosität zu tun. Warum?

Stellen Sie sich vor, Sie bieten dem Kunden ein Produkt A um 1.000 Euro an. Wenn der Kunde nun meint, dass er maximal 800 Euro dafür zahlen kann oder will und er am Ende genau dieses Produkt A von Ihnen um 800 Euro erhält, dann hieße das ja, dass Sie mit den 1.000 Euro zu viel verlangt haben, wenn es plötzlich auch um 800 Euro zu haben ist. Der Kunde hätte zu viel bezahlt, wenn er nicht nach einem besseren Preis gefragt hätte. Sie hätten ihn quasi „über den Tisch gezogen“ und ihn ungerecht behandelt.

Das bedeutet, dass Sie in einer Preisverhandlung gar keine größeren Zugeständnisse machen können (von kleinen „Geschenken“ abgesehen), wenn sich beim Angebotspaket nicht auch entsprechend dem Zugeständnis etwas ändert. Aus A müsste B werden, wenn es dann nur noch 800 Euro kostet. Alles andere wäre unseriös und Sie würden zwar vielleicht den Auftrag erhalten bzw. das Geschäft abschließen, aber Ihr Gesicht und Ihre Glaubwürdigkeit verlieren. Mit diesem Thema werden wir uns im abschließenden Kapitel, in dem es um Strategien geht, noch ausführlicher beschäftigen.

Hart, aber herzlich

In der Preisverhandlung gilt es zu trennen – zwischen dem Kunden bzw. der Beziehung zu ihm und seiner Preisforderung. Was meine ich damit? Wir tendieren dazu, beide in einem Topf zu werfen und gleich zu behandeln, und das auf zwei Arten:

- hart/hart oder
- weich/weich.

Wenn ein Verkäufer einen Kunden etwa nicht mag, dann ist er auf der Beziehungsebene automatisch „hart" zu ihm und ebenso, was dessen Preisvorstellung oder Rabattforderung betrifft. Er ist hart zur Person und hart in der Sache. Das fällt uns relativ leicht und drückt sich oft in einer „nimm es oder lass es bleiben"-Haltung aus.

- *„Ich habe Ihnen bereits gesagt, was es kostet. Nehmen Sie es zu diesem Preis oder eben nicht, aber einen besseren werden Sie nicht bekommen."*

Mit dieser Haltung sind Sie zwar vielleicht sehr profitabel, werden aber nur wenige Geschäfte abschließen, außer Sie haben ein Produkt, das der Kunde haben muss und nur bei Ihnen erhält – das einzige kalte Getränk weit und breit an einem heißen, mit Badegästen gefüllten Strand. Die wenigsten sind allerdings in einer ähnlich guten Ausgangssituation.

Das andere Extrem ist die „Weich zur Person und weich in der Sache"-Haltung. Auch diese fällt uns relativ leicht. Wenn wir jemanden mögen, sind wir – wie erwähnt – automatisch entgegenkommender.

- *„Ich freue mich, dass Ihnen unser Angebot zusagt, und was den Preis angeht, kommen wir sicher irgendwie zusammen. Da findet sich ganz bestimmt eine Lösung."*

Mit dieser Haltung würden Sie zwar viele Geschäfte abschließen, allerdings zu schlechten Margen oder im Extremfall gar kein Geld verdienen.

Beide Varianten sind daher für erfolgreiche Preisgespräche nicht zu empfehlen. Vielmehr braucht es eine „Hart in der Sache, weich zur Person"-Haltung.

- *„Ich freue mich sehr, dass Sie an unserem Produkt interessiert sind und würde das Geschäft sehr gerne mit Ihnen machen, allerdings kann ich Ihnen, was Ihre Preisvorstellungen betrifft, nicht entgegenkommen, weil ..."*

So oder so ähnlich könnte die Aussage eines Verkäufers mit dieser Haltung lauten, wenn er mit einer Preisforderung eines Kunden konfrontiert ist. Trennen Sie ganz bewusst die Beziehung zum Menschen von der Sache „Preis". Gerade, wenn Sie bei den Preisvorstellungen weiter auseinanderliegen, ist eine gute Beziehungsebene dringend nötig, um vielleicht doch zu einer – wie auch immer gearteten – Einigung zu finden. Wie oben erwähnt, steigt die Chance auf eine Vereinbarung, wenn die Beziehungsebene zwischen den Verhandlungspartnern gut ist.

Tempo kontrollieren

In manchen Preisverhandlungen spielt die Zeit eine wichtige Rolle. Es soll Verhandlungspartner geben, die den Verkäufer ganz bewusst unter Zeitdruck setzen (indem sie sich verspäten z. B.) und so versuchen, die knappe Zeit zu ihren eigenen Gunsten zu nutzen. Wahrscheinlich gibt es aber auch Verkäufer, die derlei Taktiken anwenden.

Worauf ich aber hier im Speziellen hinaus will, ist Folgendes: Lassen Sie sich als Verkäufer in einer Preisverhandlung nicht von einem Kunden drängen. Schlaue und erfahrene Verhandler könnten das versuchen, indem Sie z.B. die Hand ausstrecken, um mit einem Handschlag das Geschäft zu besiegeln. Die ausgestreckte Hand nicht zu ergreifen, fällt bisweilen schwer. Es ist eine durchaus druckvolle körpersprachliche Abschlusstechnik, die dann oft verbal entsprechend unterstützt wird: „Nun kommen Sie, geben Sie sich einen Ruck.“ So oder so ähnlich könnte Ihr Kunde agieren. Doch wie erwähnt, auch für Sie als Verkäufer sind solche Taktiken nutzbar.

Grundsätzlich ist es auch in Ihrem Sinn, wenn die Einigung rasch erfolgt. Wenn Sie die Entscheidung vertagen, kann inzwischen alles Mögliche passieren, das nicht in Ihrem Einflussbereich ist und sich auch zu Ihren Ungunsten auswirken kann. In dem Moment, wo Sie sich trennen, ohne einen Abschluss zu haben, sinkt die Chance, zu verkaufen – ein wenig oder in manchen Fällen auch dramatisch. Sollten Sie aber unsicher sein, ob der Preis und die Konditionen noch passen (in der Hitze des Gefechtes kann man sich schon einmal zu weit hinauslehnen), dann nehmen Sie sich die Zeit, um diese nochmals zu überdenken bzw. zu kalkulieren.

Dafür müssen Sie das Gespräch nicht beenden. Oftmals ist es auch möglich, eine Gesprächspause zu machen, um etwas zu klären oder Rücksprache zu halten. Das wird vom Kunden im Normalfall anstandslos akzeptiert.

Preis erkämpfen lassen

Kunden (wie Verkäufer auch) sind dann zufrieden mit dem Ergebnis von Preisgesprächen, wenn sie das Gefühl haben, dass sie – wenn vielleicht auch nicht den allerbesten – dann doch einen sehr guten Preis bekommen haben. Und dieses Gefühl nehmen Sie Ihren Kunden, wenn der Verhandlungserfolg, den diese erringen, zu leicht erreicht wird.

Stellen Sie sich vor, ein Kunde verlangt einen Nachlass von zehn Prozent und der Verkäufer antwortet rasch und fast beiläufig *„Na gut, dann machen wir zehn Prozent weniger."* Was würde sich der Kunden wohl denken? Vermutlich würde er sich ärgern, weil er meint, zu wenig Nachlass verlangt zu haben. Wenn es so einfach geht, dann muss wohl noch mehr drin sein.

Daher sollten Sie einen Preisnachlass (und auch kein anderes der Entgegenkommen, die wir uns im weiteren Verlauf noch genauer ansehen werden) nicht zu rasch und zu leichtfertig geben. Sie berauben den Kunden damit seines Erfolgserlebnisses. Außerdem führt das potenziell dazu, dass der Kunde noch nachverhandelt bzw. bei der nächsten Verhandlung noch mehr fordert.

Ich weiß, das klingt etwas kindisch (und ist es vielleicht auch), aber geben Sie dem Kunden immer das Gefühl, dass Ihnen der

Nachlass oder das Entgegenkommen schwerfällt und Sie damit schon an der Grenze Ihrer Möglichkeiten (oder zumindest sehr nahe dran) sind.

Dasselbe gilt übrigens auch für Verkäufer, die ja auch nur Menschen sind und daher dieselben Verhaltensmuster an den Tag legen. Stellen Sie sich vor, Sie machen ein Angebot, das so kalkuliert ist, dass Sie sehr gut dabei verdienen. Der Kunde nimmt dieses ohne zu zögern an. Könnte es da in manchen Fällen nicht auch das Gefühl in Ihnen auslösen, zu wenig verlangt zu haben. Vielleicht erschrecken Sie in extremen Fällen sogar, weil Sie meinen, sich beim Preis geirrt zu haben, wenn dieser ohne Diskussion akzeptiert wird. Vor allem in verhandlungsintensiven Branchen (wie Immobilien oder Kfz) könnte sich dieses Gefühl durchaus einstellen.

Sorgen Sie dafür, dass Sie beide mit einem guten Gefühl die Preisverhandlung abschließen, und machen Sie es dem Kunden, aber auch sich selbst nicht zu leicht.

5.

DIE VERBREITETSTEN IRRGLAUBEN

Wenn es um Preiseinwände geht, dann gibt es einige falsche Annahmen bzw. Irrglauben, man könnte diese auch als Mythen bezeichnen. Sie halten sich hartnäckig, daher möchte ich an dieser Stelle kurz darauf eingehen.

Irrglaube #1 – Es gibt etwas, das zu teuer ist

Es gibt nichts, absolut nichts, das zu teuer wäre. Selbst für so etwas Einfaches wie Wasser sind Kunden bereit, 100 Dollar und mehr pro Flasche auszugeben, wenn es das richtige Wasser ist und im passenden Ambiente bzw. einer speziellen Situation verkauft wird. Stellen Sie sich vor, diese Flasche Wasser wäre das einzige Wasser und Sie wären in der Wüste und knapp vor dem Verdursten. Wieviel wären Sie wohl bereit, dafür zu bezahlen?

Egal ob es um Wasser geht, um ein Auto, eine Wohnung oder auch Schmiermittel für Produktionsanlagen. Es geht immer nur um das Verhältnis Preis : Wert. Wenn der Wert höher als der Preis ist, kauft der Kunde, wenn nicht, dann nicht. Ein „zu teuer“ können Sie daher auf zwei Arten interpretieren:

- als „zu teuer“ oder auch
- als „zu wenig wert“.

Wenn Sie es als „zu teuer“ interpretieren, dann wird Ihr Fokus in der Interaktion mit dem Kunden darauf gerichtet sein, den Preis zu senken, damit dieser zur Vorstellung oder zum Budget des Kunden passt.

Wenn Sie diese Kundenaussage für sich allerdings als „zu wenig wert“ interpretieren – was zugegebenermaßen etwas schmerzhafter sein kann – dann werden Sie automatisch darüber nachdenken, wie Sie den Wert erhöhen können. Für die meisten Unternehmen ist es die deutlich bessere und profitablere Richtung des Nachdenkens. Das Discountspiel erfolgreich mitzuspielen und zu versuchen, mit niedrigen oder gar den niedrigsten Preisen nicht nur Umsatz zu machen, sondern auch Gewinn zu erzielen, ist für die meisten Unternehmen sehr schwierig bis unmöglich.

Nichts auf der Welt ist zu teuer,
aber vieles ist zu wenig wert.

Auch, wenn es um die zuvor erwähnten Win-win-Lösungen geht, werden Sie diese nicht erreichen, wenn Sie nur den Preis senken. Wenn Sie Möglichkeiten finden, den Wert zu erhöhen, stehen die Chancen deutlich besser. Und ja, Werterhöhung ist oft mühsamer, aufwändiger und langwieriger als Preissenkung, dafür aber nachhaltiger und meist profitabler.

Irrglaube #2 – Kunden können sich etwas nicht leisten

Kunden sagen Verkäufern oft, dass sie sich etwas nicht leisten können. Das stimmt nur in den allerseltensten Fällen. Im Normalfall – in 99 Prozent der Fälle – können Sie davon ausgehen, dass sich der Kunde, das, was Sie ihm anbieten, leisten kann, aber nicht will, weil er sein Geld bevorzugt für andere Dinge ausgibt.

Vermutlich ist es Ihnen auch schon passiert, dass Ihnen ein Kunde seine neueste tolle Anschaffung gezeigt und Ihnen erzählt hat, wieviel Geld er dafür ausgegeben hat und das kurz nachdem er Ihnen im Preisgespräch den Eindruck vermittelt hat, fast pleite zu sein.

Es kann sein, dass der Kunde Budgets schaffen oder sogar einen Kredit aufnehmen muss, um sich das, was Sie ihm anbieten, kaufen zu können. Genau das wird laufend gemacht. Mag auch sein, dass sich der Kunde das Geld woanders absparen muss, aber es geht grundsätzlich nicht um das „Leisten können", sondern um das „Leisten wollen". Und diese Sichtweise macht für Sie als Verkäufer einen riesigen Unterschied. Wenn Sie davon ausgehen, dass sich der Kunde etwas leisten kann, wenn er nur will, dann werden Sie sich in der Preisverhandlung ganz anders verhalten.

Irrglaube #3 – Der Kunden will immer über den Preis verhandeln

Einige Branchen sind so gepeinigt von Kunden, die nach besseren Preisen fragen und das bisweilen vehement, dass die Verkäufer fix davon ausgehen, dass Kunden IMMER über den Preis verhandeln wollen. Sie können es sich gar nicht mehr vorstellen, dass es auch Kunden geben kann, die den Preis, so wie er ist, einfach akzeptieren, weil für Sie der Wert, der diesem gegenübersteht, hoch genug ist.

Das kann sogar dazu führen, dass der Verkäufer den Kunden regelrecht zur Preisverhandlung auffordert (wie auch in der Marktszene im Film „Das Leben des Brian“, die Sie sich unbedingt ansehen sollten ... oder noch besser den ganzen Film).

- *„So, jetzt müssen wir uns nur noch über den Preis einigen.“*
- *„Bevor Sie kaufen, müssen wir Ihnen noch einen Preis machen.“*
- *„Wir müssen noch über den Preis sprechen.“*

All das sind Beispiele von Verkäuferaussagen, die aus dem Leben gegriffen sind, so unsinnig diese für einen Verkäufer auch sein mögen. Sie sind das Resultat dieses Irrglaubens, dass IMMER über den Preis verhandelt werden müsse. In einem unbedachten Moment schlüpfen diese dem Verkäufer dann durch die Lippen.

Und auch, wenn in vielen Branchen Preisverhandlungen an der Tagesordnung sind, so ist es nirgendwo so, dass IMMER über den Preis verhandelt werden muss. Wenn Verkäufer diesem Irrglauben aufsitzen, dann sind sie selbst oft der Auslöser für ein intensives Gespräch über den Preis.

Irrglaube #4 – Der (niedrige) Preis ist das Einzige, was den Kunden interessiert

Der Preis ist ein wichtiges Entscheidungskriterium, doch selten das wichtigste und so gut wie nie das einzige. Und doch behaupten viele Verkäufer – gezeichnet durch viele

Preisgespräche –, dass ihre Kunden nur am niedrigen Preis interessiert sind. Das stimmt so gut wie nie, wie Studien zeigen.

Wenn der Fokus der Kunden auf den Preis eines Produktes überdimensional groß ist, dann ist das ein Zeichen dafür, dass es zu wenig anderes gibt, was das Produkt von anderen Produkten im Markt unterscheidet. Die Botschaft für Sie als Verkäufer, die in diesem übergroßen Fokus auf den Preis steckt, ist, dass Sie sich darum kümmern sollten, Ihr Angebot um weitere für den Kunden relevante Nutzen und Vorteile anzureichern, die dem Kunden als Unter- und Entscheidungskriterien dienen können. Geben Sie ihm etwas außer dem Preis, das für Ihr Angebot spricht.

Irrglaube #5 – Preiseinwände müssen entkräftet werden

Einwände – so meinen wir als Verkäufer oft – müssen entkräftet werden. Immer. Doch das ist eine grundfalsche Annahme. Vielmehr zeigt sich in der Praxis, dass Kunden trotz eines Einwandes kaufen. Das gilt natürlich auch für Preiseinwände. Nur weil der Kunde meint, etwas sei teuer, über seinem Budget oder er könne sich etwas nicht leisten, bedeutet das nicht, dass er etwas nicht kauft. Wie oft haben Sie selbst schon etwas gekauft, obwohl es Ihnen teuer erschien oder über dem lag, was Sie eigentlich ausgeben wollten?

Oft kaufen wir trotz eines hohen Preises oder obwohl der Preis unser Budget übersteigt. Ihre Kunden tun das auch – nicht immer, aber immer wieder. Sie tun das in jenen Fällen, in denen der Wert, den Ihr Angebot für sie hat, den Preis, den

Sie fordern, übersteigt. Wie vorhin bereits erwähnt: Wenn der Wert höher als der Preis ist, kauft der Kunde, selbst wenn der Preis sehr hoch ist.

Das bedeutet auch, dass Sie Preiseinwände nicht entkräften müssen. Es gibt verschiedene Techniken, wie Sie damit umgehen können:

- Schweigen, Blickkontakt halten und darauf warten, dass der Kunde nach seinem Preiseinwand weiterspricht.
  Manchmal beginnen Kunden, ihren eigenen Preiseinwand zu entkräften oder sich dafür zu entschuldigen, dass Sie gewagt haben, nach einem besseren Preis zu fragen:
  - *„Ich frage ja nur, weil es doch um einiges Geld geht."*
  - *„Natürlich ist mir bewusst, dass Qualität auch ihren Preis hat."*
  - *„Meine Frau hat gemeint, da müsse noch etwas drin sein."*

So oder so ähnlich könnte das dann klingen. Und dann? Möglicherweise noch weiter schweigen und warten, was passiert. Kunden schwächen damit ihren Preiseinwand ab oder ziehen ihn sogar ganz zurück.

- Den Einwand überhören (vor allem, wenn er so nebenbei geäußert wurde) und weitersprechen. Es könnte sein, dass er nicht wieder auftaucht.

- Dem Kunden Recht geben.
    - *„Das haben Sie vollkommen richtig erkannt. Es ist unser tollstes Produkt.*“ ... und vielleicht sogar, wenn die Situation es erlaubt, gleich zum Abschluss überzugehen ... *„Wollen Sie es haben?“*

Ich selbst hatte ein prägendes Erlebnis ziemlich zu Beginn meiner Selbstständigkeit. Ich war im Erstgespräch mit einem Trainingsverantwortlichen einer größeren Firma und erklärte meine Konzepte und Leistungen und eben auch die Preise dafür.

- Interessent: *„Da sind Sie aber ganz schön hochpreisig.“*
  Ich beginne daraufhin zu erklären, warum das so ist und mich – bzw. den Preis – zu rechtfertigen: *„Ja aber, dafür haben Sie auch ...“*
  Interessent (nach einer gefühlten halben Minute): *„Das heißt aber nicht, dass wir deshalb nicht bei Ihnen kaufen.“*

Wenn es nicht unangebracht gewesen wäre, hätte ich mir selbst fest gegen die Stirn geschlagen. In jedem Fall war es eine wichtige Lernerfahrung für mich. Der Interessent wurde übrigens zum langjährigen guten Kunden.

Viele weitere Möglichkeiten, mit Preiseinwänden umzugehen, finden Sie in den Büchern

- „Zu teuer – 118 Antworten auf Preiseinwände“ und
- „Verkaufen ohne ABER

Beide sind im Ressourcenbereich zu diesem Buch (https://www.romankmenta.com/bap-preisverhandlungen/) verlinkt.

Irrglaube #6 – Wenn der Kunde eine Preisforderung stellt, muss ich billiger werden

Die Antwort auf diesen Irrglauben ergibt sich teilweise bereits aus den vorherigen.

- Erstens kaufen Kunden, wie erwähnt, durchaus auch trotz Preiseinwänden.
- Zweitens können Sie alternativ auch wertvoller statt billiger werden, um den Unterschied zwischen Wert und Preis auszugleichen. Wir werden uns bei den Verhandlungsstrategien Vorgehensweisen ansehen, wie Sie genau diese Strategie nutzen können, um in Preisverhandlungen weniger oder sogar gar keine Nachlässe zu geben.

Irrglaube #7 – Ich muss den Preis des Mitbewerbs einstellen bzw. unterbieten

Eine Situation, die in vielen Branchen recht häufig auftritt, ist jene, dass der Kunde den Verkäufer mit einem (scheinbar) billigeren Angebot des (scheinbar) selben Produktes bzw. derselben Leistung konfrontiert. Das ist vor allem dann schwierig, wenn es tatsächlich exakt dasselbe Produkt ist (wie es im Handel öfter vorkommt). Oft wird das vom Verkäufer als Botschaft verstanden, diesen niedrigeren Preis des Mitbewerbers einzustellen oder sogar noch zu unterbieten. Doch das ist nicht (unbedingt) notwendig.

Der Kunde könnte durchaus auch damit zufrieden sein, wenn Sie ihm ein Stück preislich entgegenkommen (oder sich auch gar nicht nach unten bewegen) und bei Ihnen kaufen, selbst wenn Sie den Preis des Mitbewerbs nicht erreichen. In den meisten Fällen gibt es ja doch einen Unterschied zum Mitbewerberangebot. Dieser Unterschied muss dabei nicht im Produkt oder der Dienstleistung selbst sein, sondern kann auch in vielen anderen Bereichen liegen.

Sie zeigen mehr Fachkompetenz, sind freundlicher, bieten den besseren Service, sind leichter erreichbar ... all das sind Gründe, warum Kunden trotz eines etwaigen höheren Preises bei Ihnen kaufen.

- *„Ich verstehe, Sie haben ein Angebot vorliegen, das um sechs Prozent billiger als unseres ist. Wo müssten wir preislich hinkommen, damit Sie sich für unser Angebot entscheiden?“*, wäre eine Frage, die Sie in dieser Situation stellen könnten. Es kann gut sein, dass der Kunde überraschenderweise antwortet *„Naja, wenn wir uns bei der Hälfte treffen könnten und Sie mir drei Prozent nachlassen, dann sind wir im Geschäft.“*

Auch viele Verkäufer sind so fokussiert auf den Preis, dass Sie die Möglichkeit, dass der Kunde trotz eines höheren Preises bei ihnen statt beim Mitbewerb kauft, gar nicht auf dem Radar haben oder – in Extremfällen – sich so etwas überhaupt nicht vorstellen können.

Irrglaube #8 – Der Kunde meint den Preiseinwand ernst

Nicht jeder Preiseinwand und nicht jede Forderung des Kunden sind auch wirklich ernst gemeint und damit auch nicht wirklich wichtig. Manchmal wird einfach nur aus Gewohnheit nach einem besseren Preis gefragt ... weil man das eben so macht. Diese schwachen Preiseinwände sind meist leicht an der Art der Formulierung und an der Tonalität zu erkennen.

- *„Könnten Sie mir da beim Preis vielleicht noch ein wenig entgegenkommen."*
- *„Beim Preis ist ja vermutlich nichts mehr machbar."*

Oft werden diese schwachen Einwände auch körpersprachlich noch weiter abgeschwächt – durch Wegschauen, Zurückweichen oder nervöse Bewegungen etwa.

Diesen schwachen Preiseinwänden können Sie mit den Methoden begegnen, die ich beim Irrglauben #5 angeführt habe. Weitere Möglichkeiten und Taktiken folgen noch im Lauf des Buches.

6.
PREISPSYCHOLOGISCHE TAKTIKEN IN PREISVERHANDLUNGEN

Die Verhaltenspsychologie ist ein spannendes wissenschaftliches Feld. Sie untersucht, wie sich Menschen in verschiedenen Situationen verhalten, wie sie sich entscheiden. Gerade auch Preisverhandlungen bzw. Preisentscheidungen werden oft untersucht und liefern spannende – manchmal auch unglaubliche – Ergebnisse. Wir verhalten uns in vielen Fällen nicht, wie vielleicht erwartet, überlegt und rational, sondern oft geradezu irrational. Das hat den Grund, dass wir viele Entscheidungen, vor allem jene, bei denen es schnell gehen muss, mit einem Teil unseres Gehirns treffen, der unbewusst, ohne dass wir es mitbekommen, sein Werk verrichtet.

Diese Tatsache können wir im Verkauf, speziell auch bei Preisverhandlungen nutzen. Im Folgenden finden Sie eine Reihe von preispsychologischen Taktiken – manchmal könnte man auch Tricks sagen –, die Sie in Preisverhandlungen für sich nutzen können. Es sind Taktiken, die Sie in Kombination mit vielen der im Buch erläuterten Strategien und Vorgehensweise einsetzen können. Wenn die Verhandlungsstrategien die Suppe wäre, dann wären diese Taktiken das Salz, der Pfeffer und vielleicht der Chili darin. Satt wird man auch ohne diese Zutaten, aber mit ihnen schmeckt sie eindeutig besser.

Ankern

Die erste dieser preispsychologischen Verhandlungstaktiken, die ich erklären möchte, ist das Ankern. Beim Ankern wird die Verhandlung vom Verkäufer mit einem besonders hohen Wert (beim Preis) oder einem besonders niedrigen (beim Rabatt) begonnen. Diese Zahl dient als Anker, als Preisanker. An dieser Zahl werden die folgenden Zahlen und Werte gemessen, mit ihr werden sie – oft unbewusst – verglichen.

Das hat für den Verkäufer den Vorteil, dass im Vergleich zum Preisanker (das kann z. B. auch der Listenpreis sein) der aktuelle, angebotene Preis (wenn dieser niedriger ist) günstiger und damit attraktiver wirkt. Diese Taktik wird im Einzelhandel – online wie offline – gerne und viel verwendet. Die weithin bekannten Streichpreise basieren genau auf diesem Konzept.

So gesehen kann es auch Sinn machen, einen Preisanker zu verwenden, von dem Sie wissen, dass dieser niemals bezahlt werden würde. Das macht psychologisch betrachtet nicht wirklich einen Unterschied. Der Preisanker wirkt trotzdem.

Sie können sogar extra deshalb eine Angebotsvariante schaffen, die deutlich teurer ist als jene, die Sie eigentlich verkaufen wollen. Ich nenne das oft das „Luxuspaket“, weil Sie alles hineinpacken, was gut, schön und teuer ist – ja nachdem in welcher Branche Sie tätig sind und was Sie verkaufen. Wenn diese Luxusvariante niemals verkauft wird, erfüllt sie wegen des Ankereffekts dennoch ihren Zweck, weil sie die anderen Varianten preislich attraktiv wirken lässt.

Wenn Sie das Ankern nutzen, ist die Reihenfolge wichtig. Im Zuge des Ankerns muss die höherpreisige Alternative bzw. der hohe Preis zuerst genannt oder gezeigt werden. Beginnen Sie oben. Wenn Sie den niedrigen Preis zuerst zeigen, dient dieser als Anker und wirkt gegen Sie. Für Rabatte gilt dasselbe nur umgekehrt.

Wenn Ihr Kunde ein geschickter Verhandler ist, nutzt er den Ankereffekt zu seinen Gunsten, indem er das Gespräch mit einer hohen Rabattforderung bzw. einem niedrigen Preis eröffnet. Wenn Sie die Taktik erkennen, hilft Ihnen das zwar, aber Sie entfaltet trotzdem eine gewisse Wirkung. Was Sie tun können, ist Ihrerseits mit einem hohen (oder niedrigen) Anker kontern bzw. überhaupt zu versuchen Ihren Preisanker zuerst auszuwerfen.

Welche Wirkungen haben Preisanker tatsächlich? Eine Studie in einem Billiardgeschäft, in dem Tische zwischen ca. 300 und 3.000 US-Dollar angeboten wurden, hat gezeigt, dass die Wirkung eine dramatische sein kann. In der ersten Testphase wurde immer beim billigsten Tisch begonnen. Der erzielte Durchschnittspreis lag bei ca. 550 US-Dollar. In der zweiten Testphase blieb alles genau gleich, außer dass immer beim hochpreisigsten Modell begonnen wurde. Das führte dazu, dass der erzielte Durchschnittspreis auf beinahe das Doppelte stieg und das obwohl alles andere unverändert blieb.

Einwandvorwegnahme

Die nächste preispsychologische Taktik basiert ebenfalls auf dem Ankern, nur dass dabei nicht der Preis direkt geankert wird, sondern sehr viel allgemeiner bei den Erwartungen begonnen wird.

Im Sinne des Ankereffektes macht es sehr viel Sinn, die Erwartungen des Kunden, einen niedrigen Preis oder einen hohen Nachlass zu erhalten, gleich zu Beginn zu senken. Das können Sie dadurch, indem Sie genau das sehr früh im Gespräch sagen.

- *„Ich muss Sie gleich warnen. Setzen Sie Ihre Erwartungen, was etwaige Preisnachlässe angeht, nicht zu hoch an. Da sind mir weitestgehend die Hände gebunden.“* – Wenn Sie sich bzw. dem Kunden einen kleinen Spielraum lassen wollen.
- „Lieber Kunde, wir können gerne über alles reden, nur nicht über den Preis.“ – Wenn Sie signalisieren wollen, dass es keinen Spielraum gibt.
- *„Sie werden mich wahrscheinlich gleich wieder rauswerfen, wenn ich Ihnen sage, dass Sie bezüglich eines Nachlasses keine großen Erwartungen haben sollten.“* – Verbunden mit einem kleinen Selbstvorwurf.
- *„Ich muss mich jetzt schon entschuldigen, dass mir beim Preis die Hände gebunden sind.“*

Solche Aussagen hindern Kunden zwar nicht grundsätzlich am Preise verhandeln, nehmen ihm aber doch den Wind aus den Segeln und dämpfen seinen Mut, nach größeren Nachlässen zu fragen.

Auch in schriftlicher Form – z. B. bei Zeitungsinseraten – können Sie die Erwartungen dämpfen, indem Sie den Preis als

FP (Fixpreis) bezeichnen. Wenn er hingegen als VB (Verhandlungsbasis) bezeichnet wird, dann ist das naturgemäß eine Einladung zur Preisverhandlung.

Preise herunterbrechen

In vielen Bereichen bietet sich die Möglichkeit, Preise psychologisch kleiner erscheinen zu lassen, indem man diese herunterbricht. Mit Kfz-Leasing-Tarifen wird das z. B. gerne und erfolgreich gemacht. „Dieses großartige Fahrzeug erhalten Sie für nur 37,50 Euro pro Tag." Das klingt deutlich leistbarer als 1.125 Euro pro Monat. Natürlich können (die meisten) Kunden rechnen und tun es auch. Das bedeutet allerdings nicht, dass der heruntergebrochene Preis nicht trotzdem seine Wirkung entfaltet, wenn dem Kunden vorgerechnet wird, wie wenig ihn ein Produkt, das er vielleicht über viele Jahre hinweg verwendet, pro Tag oder pro Nutzung eigentlich nur kostet.

In Verhandlungen müssen Sie entweder gut vorbereitet sein, um diese Technik einzusetzen, oder aber schnell und gut rechnen können.

Sie können Ihre Preise – je nachdem, was Sie verkaufen – z. B. herunterbrechen auf:

- Zeiteinheiten: Jahre, Monate, Wochen, Tage, Stunden oder auch Minuten
- Gewicht: Tonnen, Kilo, Dekagramm (in Österreich), Gramm
- Nutzungen: Preis pro Einsatz des Produktes

- Entfernungen oder Längen: Kilometer, Meter, Zentimeter

Es kann auch noch andere spezielle Möglichkeiten in Ihrem Bereich geben, die sich anbieten, um Preise herunterzubrechen.

Diese Technik des Herunterbrechens können Sie nicht nur auf den Gesamtpreis, sondern auch auf Unterschiede zwischen den Preisvorstellungen des Kunden und Ihrem Angebot anwenden.

- *„Lieber Kunde. Sie haben mir gesagt, dass Sie das Fahrzeug 100.000 Kilometer fahren und dann tauschen wollen. Die Ledersitze, über die wir sprechen, machen eine Preisdifferenz von 1.500 Euro oder 1,5 Cent pro Kilometer. Die Frage ist, ob Ihnen der Komfort und der Luxus von Leder diesen minimalen Betrag wert sind. 1,5 Cent im Vergleich zu 100.000 Kilometern luxuriösem Fahrgefühl."*

Sie brechen dabei den Preis zwar herunter, stellen diesem kleinen Betrag aber den gesamten Nutzen gegenüber, was den Preis dann noch attraktiver wirken lässt. Wenn Sie Preise auf diese Art klein machen (und es nicht übertreiben), kann es sein, dass die Differenz dem Kunden dann beinahe lächerlich erscheint und er seinen Preiseinwand aufgibt.

- *„Wir sprechen hier von dem Gegenwert von einem Kaffee pro Tag."*

Auch das Umrechnen der kleinen Beträge in gut vorstellbare und greifbare Produkte oder Leistungen kann sehr hilfreich sein und Ihre Argumentation unterstützen. Aber Achtung! Ein gewitzter Kunde kann dieses Argument um 180 Grad drehen und gegen Sie einsetzen.

- *„Stimmt lieber Verkäufer. Wir sprechen hier von einem lächerlichen Kaffee pro Tag."*

Was für ihn gilt, gilt natürlich auch für Sie. Wenn Sie das Spiel fortsetzen wollen, dann könnten Sie als Verkäufer natürlich noch darauf hinweisen, dass Sie ja laufend Verkäufe tätigen und es für Sie daher mehrere Kaffees pro Tag wären.

Preise hochrechnen

Es gibt Situationen, in denen es nicht Ihr Ziel ist, einen Preis kleiner erscheinen zu lassen, sondern einen Wert – z.B. einen Nachlass – größer. In diesen Fällen können Sie denselben Effekt nutzen, nur eben umgekehrt. Statt Zahlen und Werte herunterzubrechen und so klein zu machen, rechnen Sie diese hoch und lassen sie so größer wirken.

- 1.000 Euro pro Tonne Preisnachlass klingt nach mehr als 1 Euro pro Kilogramm.

- 2 Cent pro gefahrenem Kilometer summieren sich bei jemandem, der 50.000 Kilometer pro Jahr fährt zu 1.000 €.

- 2 % Cashback bei jedem Einkauf klingt nach nicht viel. Wenn man allerdings die wesentlichen Einkäufe eines Haushaltes über das Cashback System laufen lassen kann, dann kommen da rasch 1.000 Euro pro Monat zusammen. Das sind 12.000 Euro pro Jahr und 120.000 Euro in 10 Jahren. Davon macht der

Cashback dann 2.400 Euro aus. Immerhin ein netter Urlaub zu zweit zum Beispiel.

Gerade bei kleinen Werten und Zahlen im Nachkommabereich kann das eine sehr sinnvolle Vorgehensweise sein. Bei niedrigen Prozentsätzen ebenso, wobei hier noch hinzukommt, dass es hilfreich sein kann, diese in Euro umzurechnen, bevor sie sie hochrechnen und aufsummieren. Zu Werten in Euro haben wir eher ein Bild als zu Prozenten.

Fuß-in-der-Tür-Technik

Im Zuge von Preisverhandlungen gibt es oft mehrere, unterschiedliche Punkte, über die man sich einig werden muss. In so einem Fall ist es ratsam, mit jenen Punkten zu beginnen, die am leichtesten zu lösen sind, bei denen eine Einigung am einfachsten erscheint. Damit haben Sie schon einmal einen „Fuß in der Tür" (daher der Name der Technik) zur Einigung, was das gesamte Paket betrifft.

Hat man sich erst einmal über ein paar Punkte geeinigt (selbst wenn es nur kleinere sind), sinkt die Wahrscheinlichkeit, dass die Verhandlungen dann noch abgebrochen werden. Beide Seiten hätten ansonsten den Eindruck, die positiv erledigten Punkte „wegzuwerfen", was schade wäre. Man hätte das Gefühl, dass die bisher in die Preisverhandlung investierte Zeit verschwendet gewesen wäre.

Schließlich ist man nun auf dem Weg zum Ziel bereits ein (schönes) Stück weit gekommen. Studien zeigen auch, dass die Wahrscheinlichkeit, etwas abzuschließen bzw. fertig zu machen, deutlich steigt, wenn man damit begonnen und die ersten Schritte gemeistert hat. Beide Verhandlungspartner werden sich daher mehr bemühen, zu einer Einigung zu finden.

Unrunde Zahlen verwenden

Nicht nur die Höhe des Betrags, den Sie für Ihr Produkt oder Ihre Leistung verlangen, ist ausschlaggebend, sondern auch der exakte Betrag. Ein paar Euro oder sogar Cent mehr können – in manchen Fällen – einen nennenswerten, manchmal erheblichen Unterschied im Verhandlungsergebnis machen.

Sie wollen eine Eigentumswohnung kaufen. Der Preis dafür beträgt 300.000 Euro. Wie wirkt dieser Preis auf Sie? Und angenommen der Preis für dieselbe Wohnung beträgt nicht 300.000 Euro, sondern 301.740 Euro. Wie wirkt dieser Preis auf Sie? Gibt es einen Unterschied in der Wirkung?

Wenn es Ihnen so geht wie den meisten Menschen, dann empfinden Sie den ersten Preis als ca. Preis, als grobe Idee davon, was die Wohnung kosten soll. Beim zweiten Preis vermuten die meisten schon viel eher, dass dieser genau berechnet ist. Das hat natürlich Auswirkungen auf eine Preisverhandlung, die bei Immobilien, vor allem bei gebrauchten, so gut wie immer erfolgt.

Der erste Preis ist eine unausgesprochene Einladung dazu, den Preis zu verhandeln und einen Nachlass zu verlangen. Beim zweiten Preis wird das mit hoher Wahrscheinlichkeit auch gemacht, doch mit weniger Vehemenz. Die Erwartungen des Käufers, was einen Nachlass angeht, sind beim zweiten Preis niedriger, denn dieser wurde ja offenbar „genau“ berechnet.

Das Ergebnis ergab auch eine Studie, die mit Eigentumswohnungspreisen in Deutschland durchgeführt wurde. Es zeigte sich, dass bei unrunden Preisen (wie dem zweiten) weniger heruntergehandelt wurde als bei runden (wie dem ersten).

Was bedeutet das für Ihre Preisverhandlungen? Sie sollten die Ausgangspreise, wenn das geht und im Einzelfall sinnvoll erscheint, unrund ansetzen und so schon einmal die Wahrscheinlichkeit, mit weniger Nachlass durchzukommen, für Sie erhöhen. Doch die Wirkungen der unrunden Zahlen gibt es nicht nur auf Preise, sondern auf alle Arten von Zahlen im Rahmen von Preisverhandlungen.

Machen Sie folgende Zahlen unrund:

- Ausgangspreise: 5.252 statt 5.250 Euro
- Nachlässe absolut: 383 statt 400 Euro
- Nachlässe in Prozenten: 1,7 statt 2 Prozent
- Boni: 3,6 statt 4 Prozent
- Skonti: 1,84 statt 2 Prozent
- Rabattstaffeln: 4,35 Prozent bei Aufträgen ab 10.000 Euro, 5,75 Prozent ab 15.000 Euro

Die Wirkung entfaltet sich dabei nicht nur auf die Kunden, sondern auch auf Ihre eigenen Verkäufer (bzw. auf Sie selbst). Auch jenen wird damit unbewusst kommuniziert, dass diese Nachlässe, Staffeln oder Boni genau berechnet und nicht beliebig sind, was dazu führt, dass sie sich verstärkt daran halten und weniger oft wegen eines Sondernachlasses fragen werden.

Wie ungerade Sie eine Zahl machen, hängt von der absoluten Größenordnung ab. Während bei Wohnungen die Zehnerstelle die letzte plausible Zahl zu sein scheint (ein Preis von 343.562,70 Euro für eine Wohnung wirkt seltsam bis lächerlich), kann es bei Produkten, deren Preis sich im einstelligen oder zweistelligen Euro-Bereich befindet und die vielleicht pro Kilogramm, Tonne oder Liter in größeren Mengen verkauft werden (wie Zement, Grafit oder Schmiermittel etwa) schon Sinn machen, bis zur ersten Kommastelle zu gehen. Wenn die Mengen sehr groß sind, ist sogar die zweite Kommastelle relevant. Beim Sprit etwa sind wir es gewohnt, auf die zweite Kommastelle zu achten. Denken Sie an unsere Berechnungen zu Beginn des Buches. Kleinste Unterschiede beim Preis können bisweilen riesige Unterschiede beim Gewinn bewirken.

Wie unrund Sie den Preis machen, hängt auch von der Art des Produktes ab. Für einen Vortrag einen Preis von 4.937 Euro zu verlangen, wirkt lächerlich, da dieser Preis ja nicht auf Basis der Kosten kalkuliert, sondern vom Redner ohnehin frei gewählt wird.

Bedenken Sie auch, dass Menschen gerne runden. Sie können daher den unrunden Preis taktisch auch so ansetzen, dass sich eine Abrundung – die Sie bereits vorhergesehen und miteinkalkuliert haben – anbietet. Der Gebrauchtwagenpreis von 4.230 Euro lädt den Kunden ein zu sagen: *„Was halten Sie davon, wenn wir 4.000 Euro daraus machen?“*.

Mitteln, dritteln, vierteln

Etwas, das auch tief in uns Menschen steckt, ist ein Gefühl für Fairness bei Preisverhandlungen. Das bedeutet nicht, dass sich jeder fair verhält, sondern nur, dass wir wissen, was fair wäre, selbst wenn wir uns nicht fair verhalten. Diesen Umstand können Sie auch in Preis- und Konditionsverhandlungen nutzen.

Wenn es zwei Parteien gibt, die über den Preis oder die Konditionen verhandeln, und der Verkäufer verlangt 310.000 Euro (z. B. für eine Eigentumswohnung) und der Kunde hat ein Angebot über 300.000 Euro dafür gemacht (vielleicht, weil das aus seiner Sicht so eine schöne runde Zahl ist), dann sind die Erfolgschancen nicht schlecht, wenn der Verkäufer vorschlägt, sich in der Mitte zu treffen und bei 305.000 Euro abzuschließen (immer vorausgesetzt, das ist ein Preis, der für beide OK wäre).

Die Begründung, dass ein bestimmter Preis oder Nachlass die Mitte zwischen den beiden Forderungen ist, mag zwar wirtschaftlich kraftlos sein, wird aber oft akzeptiert, weil es fair erscheint, sich in der Mitte zu treffen. Der klassische Kompromiss, wenn man so will.

Doch auch Dritteln etwa kann aus den gleichen Beweggründen funktionieren. Ich war bei einem Preisgespräch anwesend, bei dem es um den Aufpreis (etwas 1.500 Euro) für den besseren Sitz in einem Traktor ging. Anwesend waren der Vertreter des Herstellers, der Landwirt und der Verkäufer des Landmaschinenhändlers. Dieser machte dann auch den Vorschlag, den Aufpreis zu dritteln. Eine Lösung, die rasch akzeptiert wurde, weil nun einmal drei Parteien in die

Verhandlung involviert waren. Letztlich bezahlten alle drei jeweils 500 Euro.

Verhandlungspsychologisch geschickter wäre allerdings folgende Vorgehensweise gewesen. Wenn der Verkäufer des Händlers allein mit dem Landwirt gesprochen hätte, wäre der Vorschlag, sich den Aufpreis zu teilen, fair gewesen (es waren ja zwei Parteien) und vermutlich akzeptiert worden. Wenn der Verkäufer dann mit derselben Begründung zum Vertreter des Herstellers gegangen wäre und vorgeschlagen hätte, sich die Hälfte des Aufpreises, den er übernehmen musste, zu teilen, dann wäre vermutlich auch dieser Vorschlag als fair akzeptiert worden. Das Endergebnis hätte gelautet: Landwirt 750 Euro, Verkäufer und Vertreter des Herstellers je 375 Euro.

Achten Sie also darauf, wie viele Parteien Sie wann in eine Preisverhandlung involvieren, und setzen Sie das „Sich in der Mitte treffen“ oder aber auch das Dritteln oder Vierteln taktisch klug ein. Es kann Ihnen, wie das Beispiel zeigt, einen Vorteil bringen.

Schweigen

Eine sehr kurze und einfache, aber gerade für Preisverhandlungen extrem wichtige psychologische Taktik ist es, zu schweigen. Doch kurz und einfach bedeutet nicht leicht. In der angespannten Situation einer Preisverhandlung ist es oft gar nicht leicht, zu schweigen, und sei es auch nur einen Moment lang. Zwei bis drei Sekunden können wie eine Ewigkeit erscheinen. Dasselbe trifft allerdings – und das ist die gute Nachricht – auch auf den Kunden zu. Ihm fällt schweigen grundsätzlich ebenso schwer wie dem Verkäufer.

Warum ist das Schweigen ein so wirksames psychologisches Instrument in der Gesprächsführung, speziell in Verhandlungen? Es erhöht den Druck auf den Kunden, etwas zu sagen. Wenn Sie als Verkäufer nur lange genug schweigen, muss der Kunde irgendwann etwas sagen. Wenn Sie einen Profi-Verhandler auf der Kundenseite haben, dann könnte es natürlich sein, dass er dieses Instrument und seine Wirkung ebenso kennt und nutzt. In dem Fall könnte sich ein Schweigeduell entspinnen, das der gewinnt, der mehr Ausdauer und die stärkeren Nerven hat.

An welchen Stellen eines Preisgespräches ist das Schweigen ein gutes Instrument? Speziell in drei Situationen können Sie Schweigen erfolgreich nutzen:

Ganz generell nach Fragen, die Sie gestellt haben
Grundsätzlich stellen Sie eine Frage ja auch, um eine Antwort zu erhalten. Dadurch, dass Sie schweigen, geben Sie dem Kunden die nötige Zeit zu antworten. Manchmal muss er noch über seine Antwort nachdenken und das kann schon ein paar Sekunden in Anspruch nehmen. Nebenbei bemerkt ist das Schweigen nach Fragen nicht nur in Preisverhandlungen ein wichtiges Instrument, sondern ebenso an vielen anderen Stellen im Verkaufsgespräch – vor allem in der Bedarfserhebung und ganz besonders im Verkaufsabschluss.

Nach eigenen Forderungen
Wenn Sie in einem Preisgespräch einen Vorschlag machen bzw. eine Forderung stellen (auch wenn dies nicht mit einer Frage abgeschlossen wird), ist das Schweigen danach ein sehr druckvolles Instrument, um eine Antwort des Kunden darauf zu bekommen. Ein Fehler, der an dieser Stelle von Verkäufern

oft gemacht wird, ist es, das Schweigen nicht auszuhalten und in den Rechtfertigungsmodus zu verfallen.

- *„Was ich Ihnen anbieten kann, ist, dass wir die Transportkosten übernehmen."* Anstatt hier zu schweigen, wird aber gleich fortgesetzt mit: *„Ich weiß, das ist nicht ganz das, was Sie erwartet haben, aber ..."* und der Verkäufer beginnt sich zu rechtfertigen, seinen Vorschlag damit abzuwerten und seine Position zu schwächen.

Nach Forderungen des Kunden

Aber auch nach Forderungen des Kunden sollten Sie nicht sofort antworten, sondern zuerst einmal schweigen und warten, ob etwas passiert und was. Es könnte nämlich gut sein, dass Ihr Kunde seinerseits in den eben beschriebenen Rechtfertigungsmodus verfällt und beginnt, seine Forderung zu erklären, sich dafür zu rechtfertigen und in manchen Fällen sogar einen Rückzieher macht.

- **Kunde:** *„Können wir da am Preis noch etwas machen?"*
  Verkäufer blickt Kunden an und schweigt.
  Kunde: *„Weil, Sie wissen ja, dass man heutzutage sehr auf das Budget achten muss."*
  Verkäufer schweigt noch immer.
  Kunde: *„Aber Sie haben ja gesagt, dass Sie den Stammkundenrabatt bereits abgezogen haben und dann geht da wahrscheinlich nichts mehr."*

Es gibt auf Kundenseite mehr schlechte, weil ungeübte Verhandler, als Sie vielleicht vermuten würden. Manchmal reicht es, sich als Verkäufer zurückzulehnen, zu schweigen und den Kunden die Arbeit machen zu lassen.

Es gibt zwei kleine Tricks bzw. Tipps, mit denen es Ihnen als Verkäufer leichter fällt, das Schweigen auszuhalten.

- **Bereiten Sie sich darauf vor**
  Wenn Sie sich bewusst vornehmen, in bestimmten Situationen zu schweigen und das vielleicht sogar üben und trainieren, wird es Ihnen deutlich leichter fallen und Sie werden es länger aushalten.

- **Trinken Sie etwas**
  Greifen Sie an der Stelle, wo Sie zu Schweigen beginnen, zum Glas Wasser oder zur Tasse mit Kaffee und trinken Sie langsam Schluck für Schluck. Das bringt Ihnen einige wertvolle Sekunden, in denen Sie technisch betrachtet nicht sprechen können.

7.
DIE BASISTECHNIK FÜR PREISEINWÄNDE

Nachdem wir die grundlegenden Verhaltensweisen geklärt und die verbreitetsten Irrtümer offengelegt haben, können wir uns nun den Strategien und konkreten Vorgehensweisen zuwenden, mit denen Sie Ihre Preisgespräche und -verhandlungen erfolgreicher abschließen können.

Bevor wir uns diesen allerdings zuwenden, möchte ich eine Vorgehensweise erläutern, die sich bei den allermeisten Preiseinwänden (und Einwänden ganz generell) empfiehlt. Sie besteht aus folgenden Schritten:

Schritt 1 – Zuhören und ausreden lassen

Wenn der Kunde einen Preiseinwand äußert, dann sollten Sie ihn zuerst einmal ausreden lassen und wirklich, wirklich gut zuhören. Ich weiß, das klingt nahezu banal und doch stelle ich fest, dass genau das in der Praxis oft nicht leichtfällt. Wir glauben oft nach den ersten Worten des Kunden schon zu wissen, was folgt, und stellen uns innerlich bereits darauf ein, etwas entsprechend zu beantworten, was er noch gar nicht gesagt hat ... und vielleicht auch gar nicht sagen wird.

Anstatt bis zum Ende zuzuhören, sind wir damit beschäftigt, unsere Entgegnung zu formulieren, und hören demzufolge gar nicht mehr, was er wirklich sagt. Oft sind es die Feinheiten in der Aussage des Kunden, einzelne Worte, der Tonfall oder auch die Mimik, die für das richtige Verständnis des Gesagten extrem wichtig sind.

Hinzu kommt, dass unsere Emotionen stärker ins Spiel kommen, wenn der Kunde Preiseinwände äußert und so eine Preisverhandlung auslöst. Das macht es nochmals schwerer, die angemessene Reaktion zu zeigen und die passende Antwort zu geben. Wirklich ausreden lassen und wahrhaft zuhören gehört zur hohen Kunst in der Kommunikation.

Schritt 2 – Verständnis zeigen

In einem nächsten Schritt empfiehlt es sich, Verständnis für den Einwand des Kunden zu zeigen. Damit ist nicht gemeint, dass Sie ihm recht geben, sondern nur, dass Sie nachvollziehen können, was seine Beweggründe sind, warum er den Einwand äußert und wie es ihm geht.

- *„Ich kann gut verstehen, dass Sie das Produkt für hochpreisig halten, das habe ich anfangs genauso gesehen.“*
- *„Ich an Ihrer Stelle würde auch versuchen, einen möglichst guten Preis zu erzielen.“*
- *„Dass Sie einen Nachlass wollen, verstehe ich gut. Es geht ja auch um einen nennenswerten Betrag.“*

So könnten Sie Ihr Verständnis zum Beispiel in Worte fassen. Das trägt stark dazu bei, dass sich Ihr Kunde verstanden fühlt, und das ist eine wichtige Grundlage für die weiteren Schritte. Auch die Beziehungsebene wird durch das gezeigte Verständnis für das Anliegen des Kunden gestärkt.

Schritt 3 – Wertschätzen und bedanken

Was die Beziehungsebene betrifft, können Sie als Nächstes noch etwas tun, das auch emotional einen Schritt weiter geht, als nur Verständnis zu zeigen. Sie können den Einwand des Kunden wertschätzen und sich dafür bedanken.

Warum sollten Sie so etwas tun? Schließlich handelt es sich um einen „bösen" Preiseinwand. Der Kunde will nicht das zahlen, was Sie fordern. Er will Ihnen „Geld wegnehmen" und Sie sollten sich dafür bei ihm bedanken? Solche Gedanken Ihrerseits kann ich an dieser Stelle gut verstehen. Sich für einen Preiseinwand beim Kunden zu bedanken, klingt erst einmal unlogisch und widerstrebt vielen Verkäufern. Warum macht es – in manchen, aber nicht allen Situationen – sehr viel Sinn.

Vor allem in Verkaufsgesprächen, im Zuge derer eben auch über den Preis gesprochen wird, kann das eine sehr empfehlenswerte Vorgehensweise sein. Im Zuge der Besichtigung einer Immobilie etwa (zwecks Kauf oder auch Miete) oder auch beim Autokauf.

Man könnte es auch so sehen: Die netten Kunden bringen Preiseinwände (ok, die sehr netten kaufen einfach, ohne über den Preis zu diskutieren). Die weniger netten bringen keine Preiseinwände, sondern beenden die Verhandlung bzw. das Gespräch, ohne zu kaufen. Diese sehen Sie oft nie wieder. Das, was sie Ihnen angeboten haben, war Ihnen zu teuer.

Vielleicht so viel zu teuer, dass Sie sich nicht einmal mehr die Mühe gemacht haben, über den Preis zu verhandeln.

Dadurch haben Sie als Verkäufer aber oft auch keine Chance mehr, Preiseinwände auszuräumen. Wenn der Kunde einen Preiseinwand äußert, „zu teuer“ sagt und Ihnen im weiteren Verlauf vielleicht sogar seine Vorstellungen bezüglich des Preises nennt, dann sind Sie immerhin noch im Gespräch und können gegebenenfalls etwas tun, um doch noch eine Einigung zu erzielen und zu einem Verkaufsabschluss zu gelangen.

Wenn der Kunde seine Einwände nicht äußert, können Sie maximal raten, warum der Kunde letztlich nicht gekauft hat. So gesehen tut Ihnen der Kunde wirklich einen Gefallen, wenn er laut ausspricht, was ihn stört. Das heißt nicht, dass Sie das auch auflösen können bzw. müssen, aber Sie haben eine Chance.

Daher ist es auch nicht übertrieben, sich an passender Stelle für den Einwand oder die Forderung zu bedanken.

- *„Danke, dass Sie mir so offen sagen, was Sie stört bzw. bewegt.“*
- *„Danke für Ihre Offenheit an dieser Stelle. Das gibt uns die Chance, darüber zu sprechen.“*

Schritt 4 – Einwand hinterfragen

Einwände, auch Preiseinwände, werden oft sehr unspezifisch geäußert.

- *„Das ist mir zu teuer!“*

- *„Was geht denn da noch?“*
- *„Das liegt über meinem Budget?“*
- *„Da müssen Sie sich noch Mühe geben beim Preis.“*

Diese Arten von Formulierungen bei Preiseinwänden sind der Normalfall. Eher selten werden (zu Beginn des Preisthemas) exakte Forderungen gestellt. Nach meiner Erfahrung werden die Preiseinwände nicht aus Überlegung und mit Kalkül auf diese Art geäußert. Das wird eher aus einem Impuls ohne großes Nachdenken so getan. Wobei es taktisch gesehen auch aus Sicht des Kunden durchaus geschickt ist, dem Verkäufer den Ball zuzuspielen und eine erste Äußerung zum Nachlass diesem zu überlassen. Professionelle Einkäufer verwenden genau das als Teil ihrer Taktik.

Eben aus dem Grund sollten Sie den Ball nicht behalten, sondern ihn zurückspielen. Das geht am besten und einfachsten in Form einer Frage. Hinterfragen Sie den unspezifischen Preiseinwand.

- *„Was genau meinen Sie mit ‚zu teuer'?“*
- *„Was verstehen Sie unter ‚Mühe geben'?“*
- *„Wie hoch ist denn Ihr Budget?“*

Das eigentliche Ziel für Sie ist an dieser Stelle doch, gar nicht groß zu taktieren, sondern vielmehr Klarheit darüber zu schaffen, wovon der Kunde spricht und was seine Vorstellungen und Grenzen sind. Natürlich können Sie nicht in jedem Fall davon ausgehen, dass Sie auf diese Frage eine Antwort bekommen, und wenn, dann muss diese auch nicht der Wahrheit entsprechen. Gehen Sie davon aus, dass es Kunden gibt, die pokern und hier mehr fordern, um dann noch Spielraum für Kompromisse zu haben. Dennoch macht es viel Sinn, um so viel Klarheit wie möglich bemüht zu sein.

Schritt 5 – Einwand „behandeln"

Was Sie dann mit dieser neu gewonnen Klarheit machen und wie Sie weiter vorgehen können, ist Thema der nächsten Kapitel. Da gibt es viele Möglichkeiten, viel mehr, als Sie vielleicht glauben. Der klassische Preisnachlass ist eine davon, allerdings nicht die einzige und sicher nicht die beste.

Manchmal kann es auch vorkommen, dass ein Preiseinwand ganz einfach und rasch auflösbar ist. Wenn das der Fall sein sollte, dann tun Sie das gleich. Verhandlungen über den Preis müssen daraus gar nicht entstehen. Z. B. könnte ein Kunde einen Preiseinwand äußern, weil er meint, dass der Transport noch zusätzlich verrechnet würde und ihm der Gesamtpreis dann zu hoch ist. Wenn Sie allerdings den Transport ohnehin bereits im Preis inkludiert hatten, ist das ein Einwand, der leicht aus der Welt zu schaffen ist.

Die praktische Erfahrung zeigt allerdings, dass Preiseinwände nur in den seltensten Fällen so einfach und leicht klärbar sind. Deshalb wenden wir uns einer Reihe von Strategien zu, mit denen Sie auch in schwierigeren Fällen punkten und den ein oder anderen Prozentpunkt mehr Marge, Deckungsbeitrag und Ertrag erzielen.

8.
DER LETZTE EINWAND

Eine Technik, mit Preiseinwänden umzugehen, hat den Namen „der letzte Einwand“. Sie basiert auf der im vorhergehenden Kapitel beschriebenen Vorgehensweise, ist allerdings spezifischer und hat ein paar zusätzliche, erfolgsentscheidende Elemente. Sie ist (wie viele andere Vorgehensweisen in diesem Buch auch) auf den Umgang mit unterschiedlichen Einwänden anwendbar.

Zuerst zum Namen. Sie heißt deshalb „der letzte Einwand“, weil sie darauf hinausläuft, einen letzten Einwand – in unserem Fall den Preiseinwand – zu isolieren. Am Ende steht dann idealerweise nur noch dieser zwischen Ihnen und dem Auftrag.

Gleich vorweg: Der Einsatz dieser Technik macht nur dann Sinn, wenn die Kluft zwischen Ihren Vorstellungen und denen des Kunden – vielleicht schwierig – aber überbrückbar ist. Wenn dies nicht der Fall ist, brauchen Sie sich mit dieser Vorgehensweise gar nicht aufzuhalten, sondern nutzen die Strategie des Neinsagens, die wir uns noch im Detail ansehen werden.

Schritt 1 – Zuhören und ausreden lassen

Schritt 2 – Verständnis zeigen

Schritt 3 – Wertschätzen und bedanken

Diese ersten drei Schritte der Technik entsprechen genau der im vorherigen Kapitel beschriebenen Vorgehensweise.

Schritt 4 – Einwand eingrenzen

In diesem Schritt geht es darum, herauszufinden, ob es außer dem Preiseinwand noch etwas gibt, was den Kunden daran hindert, zu kaufen. Das funktioniert recht einfach, indem Sie danach fragen:

- *„Gibt es außer dem Preis noch etwas, was Sie daran hindert, mir den Auftrag zu geben?"*

Der Kunde hat im Prinzip zwei Möglichkeiten zu antworten: „Ja" oder „Nein". Wenn er „Ja" sagt, dann brauchen Sie sich um den Preis noch nicht groß zu kümmern. Dann gilt es herauszufinden, was ihn noch am Kauf hindert. Auch das lässt sich mit einer Frage üblicherweise relativ rasch klären.

Wenn der Kunde hingegen mit „Nein" antwortet, dann wissen Sie, dass es nur noch (wenngleich diese Hürde groß genug sein kann) um den Preis geht. Das macht dem Kunden auch bewusst (falls es das noch nicht war), dass es jetzt ernst wird und sich das Gespräch dem Abschluss nähert. Kunden, die weniger ernste Kaufabsichten haben, müssen an dieser Stelle einen Rückzieher machen ... und tun das auch. Das bedeutet, Sie trennen mit dieser Technik auch die heißen von den (noch) nicht so heißen Interessenten.

Schritt 5 – Einwand hinterfragen

Lassen Sie uns annehmen, dass der Kunde „Nein" gesagt hat. Im nächsten Schritt geht es nun darum, herauszufinden, wo genau die Preisvorstellung des Kunden liegt. Auch dafür können Sie ihn einfach fragen. Wie das im Detail funktioniert, haben Sie im vorigen Kapitel bereits erfahren.

Doch Achtung: Ein verhandlungserfahrener oder gut ausgebildeter Verhandlungspartner wird die Gelegenheit, die sich ihm an dieser Stelle bietet, möglicherweise dazu nutzen, um einen Anker zu setzen und entweder einen sehr niedrigen Preis oder einen sehr hohen Nachlass nennen. So würde er eine Marke setzen, die weit weg von Ihren Vorstellungen ist.

Sie sollten daher schneller sein, dem Kunden an dieser Stelle zuvorkommen und selbst einen extremen Anker setzen. Diesen können Sie folgendermaßen in Ihre Frage nach seinen Vorstellungen einbauen:

- **Verkäufer**: „Wenn Sie „zu teuer“ sagen, was meinen Sie denn damit? Noch 1 oder 1,5 % mehr Nachlass?“ ... wenn der Verkäufer aber davon ausgeht, dass der Kunde eher an 10 % mehr Nachlass denkt.

Angesichts dieses extremen Ankers, der weit von seinen Vorstellungen entfernt ist, wird es ihm schwerer fallen, bei seinen eigenen Vorstellungen zu bleiben (10 % in unserem Beispiel) und zum Beispiel sagen:

- Kunde: *„Nein, das ist viel zu wenig. 5 % müssen Sie mir da schon noch entgegenkommen.“*

Mit dieser Taktik hat der Verkäufer in unserem Beispiel bereits 5 % Verhandlungswegstrecke (5 % statt 10 % Nachlassforderung des Kunden) gespart.

Doch was können Sie tun, wenn der Kunde sich nicht in die Karten schauen lassen will und den Ball an Sie zurückspielt? Ganz einfach, behalten Sie diesen nicht, sondern spielen Sie ihn wieder an den Kunden zurück.

- **Verkäufer:** *„Wenn Sie sagen, dass da noch etwas gehen muss ... woran haben Sie denn da gedacht? 0,5 Prozent oder mehr?“*
  Kunde: *„Na, rechnen Sie einfach noch einmal mit spitzem Bleistift und machen Sie mir einen Vorschlag.“*
  Verkäufer: *„Das mache ich sehr gerne für Sie. Allerdings, damit ich weiß, worüber wir hier sprechen und ob es überhaupt Sinn macht, zu rechnen, muss ich wissen, was Ihre Vorstellung dazu ist.“*
  Kunde: *„Rechnen Sie einfach einmal und dann schauen wir weiter.“*
  Verkäufer: *„Es tut mir leid, aber ich brauche zumindest eine grobe Idee. Sprechen wir von 0,5 Prozent (Blickkontakt und Schweigen,) von einem Prozent (Blickkontakt und Schweigen), von 1,5 Prozent (Blickkontakt und Schweigen)?“*

Sie sehen schon, das Spielchen kann auch noch eine Zeit lang so weitergehen. Wenn Sie freundlich und hartnäckig bleiben (ohne penetrant zu sein), sind die Chancen nicht schlecht, eine Antwort vom Kunden zu bekommen.

Für die weitere Erklärung lassen Sie uns annehmen, dass Sie die Vorstellung des Kunden genannt bekommen haben – zumindest grob. Ob das die Wahrheit ist oder ob der Kunde einen niedrigeren Preiswunsch oder höheren Rabattwunsch genannt hat, um Verhandlungsspielraum zu haben, wissen wir natürlich nicht. Allerdings ist das, was Sie bekommen haben, zumindest besser als gar nichts und für die weitere Vorgehensweise durchaus eine Basis.

Zwischenschritt 5a – Ausgangssituation verbessern

Der Schritt 5a ist für all jene Fälle gedacht, wo Sie „Nein" sagen müssen bzw. müssten, weil die Vorstellung des Kunden keinesfalls erfüllbar ist. Wenn dieser gelingt, können Sie mit Schritt 6 fortfahren. Wenn nicht, dann endet das Gespräch hier möglicherweise, aber nicht unbedingt. Im weiteren Verlauf des Buches lernen Sie noch Verhandlungsstrategien kennen, die Ihnen auch aus dieser scheinbaren Sackgasse heraushelfen können.

Wie können Sie nun die Ausgangssituation verbessern? Dazu haben Sie mehrere Möglichkeiten. Diese können Sie nicht nur dann einsetzen, wenn die Vorstellung des Kunden nicht erfüllbar ist, sondern auch dann, wenn Sie sich einfach nur etwas mehr herausverhandeln wollen.

Variante 1: Unterstellung

Sie können versuchen, Ihre Ausgangssituation zu verbessern, indem Sie dem Kunden unterstellen, dass das, was er gesagt hat, nicht seine wahre Preisvorstellung ist.

- **Verkäufer:** *„Zu fünf Prozent Nachlass muss ich leider nein sagen. Ich möchte das Geschäft mit Ihnen wirklich gerne machen, allerdings geht das zu diesem Preis keinesfalls. Wenn fünf Prozent nicht Ihre Schmerzgrenze* ***wäre****, wo* ***wäre*** *Sie denn dann?"*

Durch den Einsatz dieser hypothetischen Frage sagen Sie nicht, dass der Kunde mit seiner Forderung von fünf Prozent übertrieben hat. Vielmehr geben Sie ihm eine Möglichkeit seine Forderung nach unten zu korrigieren, ohne allzu viel Gesichtsverlust zu erleiden. Die Antwort des Kunden könnte in diesem Fall lauten:

- „Naja, aber vier Prozent müssten es zumindest sein."

So haben Sie als Verkäufer schon einmal ein ganzes Prozent an Verhandlungsboden gewonnen.

Variante 2: Gegenvorschlag

Anstatt den Kunden nach einem korrigierten Wert zu fragen, können Sie auch selbst einen Vorschlag liefern.

- ***Verkäufer:*** *„Fünf Prozent ist* ***unmöglich****. Da brauche ich gar nicht nachzurechnen bzw. nachzufragen. Bei einer Größenordnung von 2,7 Prozent (ungerade Zahlen zu nennen, wirkt glaubwürdiger)* ***könnte*** *es vielleicht noch Sinn machen, weiter darüber zu sprechen.* ***Wäre*** *das eine Dimension, mit der Sie* ***zur Not auch noch leben könnten****?"*

Verwenden Sie dabei (wie im obigen Beispiel fett gedruckt) zuerst, bei Ihrem Nein, eine sehr klare, harte Formulierung und dann, bei Ihrem Gegenvorschlag sehr weiche Formulierungen.

Der Kunde hat nun die Möglichkeit, Ja oder Nein zu sagen. Wenn er Ja sagt, können Sie mit Schritt 6 weitermachen. Wenn er Nein sagt, dann kann das – wenn 2,7 Prozent tatsächlich Ihr äußerstes Angebot sind – das Aus für die Verhandlung an dieser Stelle bedeuten. Wenn Sie über die 2,7 Prozent hinaus doch noch ein wenig Spielraum haben, dann können Sie anschließend wieder mit der Variante 1 „Unterstellung“ arbeiten.

- **Verkäufer:** *„Mmmh, wenn Ihnen die 2,7 Prozent nicht reichen, was* ***wäre*** *denn der Punkt zu dem Sie noch zustimmen könnten?“*

Schritt 6 – Hypothetische Abschlussfrage stellen

Der Kunde hat nun eine Zahl genannt – mit oder ohne Zwischenschritt – mit der Sie kalkulatorisch oder auch strategisch leben können (nur dann macht es Sinn, hier fortzufahren). Nun gibt es ein paar Dinge zu beachten.

Sagen Sie nicht zu rasch „Ja“ zu dem Preis bzw. dem Nachlass. Sie erinnern sich, das muss zumindest „etwas schwierig“ wirken (selbst, wenn es das im Einzelfall vielleicht nicht ist). Sie müssen das in jedem Fall noch „überprüfen, nachrechnen oder die Zustimmung von anderen (der Produktion, dem Chef, der Zentrale etc.) einholen“. Achtung! Spielen Sie die Chefkarte allerdings nicht zu oft, sonst berauben Sie sich selbst der Kompetenz.

Holen Sie sich den Abschluss, die Zusage des Kunden, BEVOR Sie ihm mitteilen, dass Sie seinem Preiswunsch entsprechen können. Viele Verkäufer tun das nicht. Gewiefte Gesprächspartner könnten das folgendermaßen ausnutzen:

- **Verkäufer:** *„Ich habe das nochmals berechnet, um zu sehen, wo ich vielleicht noch etwas Spielraum*

habe, und habe es geschafft, auf Ihren Preis zu kommen.“
Kunde: *„Das freut mich sehr. Dann danke ich schon einmal. Wir werden uns das überlegen und ich melde mich bei Ihnen, sobald wir uns entschieden haben.“*

Im schlimmsten Fall könnte sich der Kunde nun mit Ihrem niedrigeren Preis an andere Verkäufer bzw. Lieferanten wenden und diesen als Druckmittel nutzen, um sie dazu zu bringen, Ihren Preis noch zu unterbieten. Das mag vielleicht ein wenig paranoid klingen, passiert aber durchaus und ist in manchen Branchen durchaus gelebte Praxis von professionellen Einkäufern.

Diese Vorgehensweise hat aber auch noch andere, verbreitetere Nachteile. Die Verhandlungen können sich dadurch weiter in die Länge ziehen. Es wird vertagt. Und eine Vertagung der Entscheidung birgt immer Gefahren in sich. Alles Mögliche, das Ihren Abschluss in weite Ferne rücken lässt oder sogar ganz zunichtemacht könnte inzwischen geschehen.

Jetzt, wo Sie so knapp vor dem Ziel stehen, sollten Sie sich diesen Erfolg nicht mehr nehmen lassen. Und das machen Sie, indem Sie, statt ein Zugeständnis zu machen, eine Frage stellen, eine hypothetische Abschlussfrage genauer gesagt.

- **Verkäufer:** *„Lieber Kunde, gleich vorweg, die drei Prozent Nachlass, die Sie sich vorstellen, sind aus meiner Sicht extrem unwahrscheinlich. Machen Sie sich daher keine allzu großen Hoffnungen. Nachdem mir allerdings daran gelegen ist, zumindest in bestem Einvernehmen auseinanderzugehen, kann ich Ihnen* *an dieser Stelle allerdings versprechen, dass ich es versuche und mir Mühe gebe diesen Nachlass für Sie anbieten zu können. Dazu brauche ich allerdings Unterstützung von Ihnen. Gesetzt den Fall, ich schaffe es für Sie, diese drei Prozent noch herauszuholen, bekomme ich dann heute noch den Auftrag von Ihnen?"*

Der Kunde hat nun wieder zwei Möglichkeiten zu antworten – „Ja" oder „Nein". Wenn er „Nein" sagt, müssen Sie sich als Verkäufer noch nicht besonders anstrengen. Dann wollen Sie in einer anschließenden Frage wissen, was ihn sonst noch davon abhält, Ihnen den Auftrag zu geben. Das haben Sie zwar bereits in Schritt 4 (Einwand eingrenzen) gefragt, aber vielleicht hat der Kunde etwas vergessen, doch nicht alles gesagt oder es sich anders überlegt. Wie auch immer, fragen Sie nach und lösen Sie die anderen Themen, bevor Sie sich wieder dem Preis zuwenden.

Wenn der Kunde „Ja" sagt, dann haben Sie den Auftrag, wenn Sie den gewünschten Preis machen können (was Sie ja vermutlich können, sonst würden Sie diese Technik nicht anwenden, sondern vorab „Nein" sagen).

Der Kunde kann jetzt nicht mehr lange überlegen oder den Entscheidungsprozess in die Länge ziehen und schon gar nicht mit anderen weiterverhandeln, weil er bei Ihnen ja bereits im Wort steht. Es hängt nur noch von Ihnen ab, ob das Geschäft zustande kommt. So gelangen Sie rasch zum Abschluss.

Wenn Ihnen das „Ja" des Kunden nicht reichen sollte oder Sie tatsächlich etwas Schriftliches benötigen, um vielleicht Ihren eigenen Lieferanten, Ihren Vorgesetzten oder Ihre Produktion davon zu überzeugen, dass es dem Kunden wirklich ernst mit dem Auftrag ist, können Sie Folgendes machen: Streichen Sie in Ihrem schriftlichen Angebot (so Sie ein solches haben) den Preis durch und schreiben Sie den neuen, niedrigeren an seine Stelle. Daneben schreiben Sie „vorbehaltlich Genehmigung“ und lassen den Kunden den Auftrag unterschreiben ... begleitet von folgenden Worten:

- **Verkäufer**: *„Damit ich eine Chance habe, den von Ihnen gewünschten Preis bei uns intern durchzubekommen, machen wir jetzt Folgendes. Ich habe hier Ihren Wunschpreis eingesetzt, unter Vorbehalt. Sie unterschreiben mir den Auftrag jetzt. Wenn ich den Wunschpreis durchbekommen kann, dann freue ich mich und sende Ihnen die Auftragsbestätigung zu. Wenn nicht, dann habe ich mich umsonst bemüht und werfe den Auftrag einfach weg.“*

Natürlich können Sie das sinngemäß in Ihre Worte packen und auf Ihre üblichen Vorgehensweisen abstimmen.

Ich habe den „letzten Einwand“ jetzt anhand des Beispiels eines Preisnachlasses erklärt. Das soll nicht heißen, dass Sie immer einen Nachlass geben müssen. Ganz im Gegenteil. Ein Preisnachlass ist die letzte und schlechteste Variante, wie wir im nächsten Kapitel sehen werden. Davor gibt es noch einige andere, für Sie profitablere Strategien, die Sie in Preisverhandlungen anwenden können.

9.
DAS SYSTEM DER 6 ESKALATIONSSTUFEN IN DER PREISVERHANDLUNG

Jetzt haben wir eine Reihe von verkaufs- und preispsychologischen Taktiken und Vorgehensweisen beleuchtet, die sich flexibel in allen möglichen Verhandlungssituationen, in denen es um Preise, Konditionen oder Ähnliches geht, einsetzen lassen. In diesem Kapitel sehen wir uns eine Reihe von Strategien an, mit denen Sie Ihr Verhandlungsergebnis optimieren können. Dabei können und werden Sie auf die bereits erläuterten Taktiken zugreifen bzw. diese auch zu einem Größeren Ganzen verschmelzen.

Doch es sind nicht nur einzelne, voneinander losgelöste Strategien, sondern ich habe diese in einem System kombiniert, das ich die „6 Eskalationsstufen der Preisverhandlung“ nenne. Dieses System hat folgende Eigenschaften bzw. Vorteile für Sie als Verkäufer:

- Die sechs Stufen sind aufeinander aufbauend. Das bedeutet Sie können in einer Preisverhandlung mit der ersten beginnen und sich bis zur sechsten durcharbeiten – vorausgesetzt Sie kennen alle Stufen und Varianten sehr gut, sind gut vorbereitet und haben ausreichend Zeit sowie die Hartnäckigkeit und Ausdauer, die solche Preisverhandlungen erfordern. Für Ihren Kunden gilt das zuletzt Erwähnte ebenso.

Manchmal geht auch einfach der Verhandlungspartner als „Gewinner“ (wenn das nicht beide sein sollten) aus solchen Gesprächen hervor, der den längeren Atem hat und dem es nicht „zu blöd“ wird, noch eine „Runde zu drehen“.

- Die sechs Stufen folgen einer gewissen Logik in der Reihenfolge. Wenn Sie mit der ersten Stufe Ihr Auslangen finden, dann ist das die profitabelste Variante für Sie als Verkäufer. Die sechste Stufe kommt Sie als Verkäufer tendenziell am teuersten zu stehen. Tendenziell deshalb, weil manch größere Preisverhandlungen so komplex sein bzw. werden können, dass es gar nicht mehr so klar und einfach zu beurteilen ist, wo welche Stufe aufhört, die andere beginnt und was genau wen wie viel kostet.

- Sie können aber auch jede einzelne Stufe für sich und losgelöst von den übrigen als Strategie in Ihrer Preisverhandlung einsetzen. In der Praxis besteht das Ergebnis einer für beide Seiten erfolgreichen Preisverhandlung – eines Win-Win – oft aus einer Kombination mehrerer dieser Stufen.

- Viele Verkäufer denken als allererstes daran, den Preis zu reduzieren, wenn der Kunde meint, das Angebot wäre zu teuer. Die sechs Stufen machen klar, dass es viele Varianten und Möglichkeiten der Verhandlung gibt, BEVOR Sie einen Preisnachlass gewähren. Die Preisreduktion oder Rabatterhöhung ist die sechste und damit letzte Stufe in diesem System.

Teilweise ist es, wie erwähnt, auch schwierig zu sagen, wo eine Stufe aufhört und eine andere beginnt. Manche Maßnahmen können zu verschiedenen Stufen passen. Es ist aber auch gar nicht wichtig, die einzelnen Strategien und Stufen ganz scharf voneinander zu trennen und jede Idee oder Maßnahme punktgenau zuzuordnen. Viel wichtiger ist es, dass die Idee oder die Strategie, die Sie anwenden, Ihnen in der Preisverhandlung einen Vorteil bringt und funktioniert.

Stufe 1 – Ablehnen

Die erste und gleichzeitig profitabelste Strategie – immer vorausgesetzt Ihr Kunde kauft trotzdem – ist es, eine Rabattforderung oder einen niedrigeren Preis abzulehnen und Nein zu sagen. Das ist eine Strategie, die aus meiner Erfahrung in der Praxis viel zu selten angewendet wird. Es würden sehr viel mehr Abschlüsse trotz eines Neins des Verkäufers zu Rabatten zustande kommen, als die meisten Verkäufer annehmen.

Viele Verkäufer denken, dass Sie als Reaktion auf eine Preisforderung des Kunden in jedem Fall zumindest ein klein wenig nachgeben müssen, um das Geschäft abzuschließen. Wobei „Denken" hier vielleicht nicht der richtige Ausdruck ist. Vielmehr wird oft impulsartig gehandelt, ohne darüber nachzudenken.

Ich selbst kann mich sehr gut an ein Projekt bei einem Werkzeughersteller erinnern, bei dem es um die Optimierung der Deckungsbeiträge und verstärkte Preisdurchsetzung ging. Im Rahmen des Projektes habe ich unter anderem einige der

Außendienstmitarbeiter ein paar Tage lang bei Kundenbesuchen begleitet. Insgesamt war ich bei rund fünfzig Besuchen meist in Werkstätten dabei.

Im Zuge eines Besuches wurden dort typischerweise zwischen drei und zehn verschiedene Artikel – Schrauben, Kleinwerkzeuge, Verbrauchsmaterialien etc. – verkauft. Meist ging es um kleine Beträge im einstelligen oder niedrigen zweistelligen Eurobereich pro Produkt. Fast alle Kunden haben bei einzelnen Produkten immer wieder mal Preiseinwände gebracht bzw. nach einem besseren Preis gefragt. Meistens wurden diese Einwände sehr sanft vorgebracht.

- „Da seid ihr aber schon etwas teuer."
- „Kannst du da bei dem Preis noch etwas machen für mich?"
- „Ist das teurer geworden?"

So oder so ähnlich klangen die Aussagen der Kunden. Und was haben die Verkäufer gemacht? Sie haben Nachlässe gewährt. In jedem einzelnen Fall. Immer. Hier zehn Cent, dort einen Euro – es geht, wie gesagt, fast immer um kleine Beträge. Das Tückische gerade beim Verkauf von kleinpreisigen Artikeln ist, dass nicht nur die Preise, sondern auch etwaige Nachlässe klein wirken. Mal einen Euro nachzulassen, fühlt sich nicht wie eine gewaltige Preisreduktion an. Tatsächlich haben gerade bei kleinen Preisen selbst kleine Nachlässe oft eine gewaltige, negative Auswirkung auf den Deckungsbeitrag. Fünfzig Cent Nachlass auf einen Artikel, der fünf Euro kostet, sind immerhin zehn Prozent. Bei einer angenommenen Umsatzrendite eines solchen Unternehmens von zehn Prozent würde durch einen solchen Nachlass der gesamte Gewinn verschenkt.

Da es sich um meist schwache Preiseinwände und Nachfragen handelte, hatte ich das Gefühl, dass sich die Kunden mit dem einen oder anderen Nein als Antwort auf die Frage nach einem besseren Preis auch zufriedengegeben und trotzdem gekauft hätten. Es wäre nicht darum gegangen, immer Nein zu sagen. Wenn man zum Beispiel jede zweite Frage nach einem Nachlass mit einem Nein beantwortet hätte, hätten – so meine Einschätzung – die Kunden trotzdem gekauft. Die Nachlässe um die Hälfte zu verringern, hätte allerdings in dieser Konstellation eine unglaublich positive Auswirkung auf die Deckungsbeiträge und Gewinne des Unternehmens, wie Sie sich nach dem Gesagten sicher vorstellen können.

Bedingungen, die das Nein schwerer machen

Doch die Verkäufer dieses Unternehmens stellen keine Ausnahme dar, was das Nein sagen angeht. Vielen Menschen fällt das Neinsagen grundsätzlich schwer. Sie haben Angst, dadurch unfreundlich, unhöflich oder nicht hilfsbereit zu wirken oder einfach kein guter Mensch zu sein. Machen Sie sich bewusst, dass Ihnen das Neinsagen unter gewissen Bedingungen besonders schwerfallen wird.

- **Wenn die Beziehungsebene zum Kunden sehr gut ist**
  Allerdings trifft das auch auf den Kunden zu. Wenn sich Kunde und Verkäufer sehr gut verstehen, wird meist generell nicht so hart verhandelt, gleichzeitig sind aber die Chancen, zu einem Ergebnis zu kommen, größer.

- **Wenn Ihr Kunde Ihnen bereits entgegengekommen ist**
  Gemäß dem weiter vorne im Buch erläuterten Grundsatz des Gebens und Nehmens sind Sie mit dem Geben dran (und nicht mit dem Neinsagen), wenn Ihnen der Kunde bereits entgegengekommen ist. Stellen Sie sich vor, Ihr Kunde begrüßt Sie mit den Worten: „Übrigens, bevor wir über unser Projekt hier sprechen ... ich habe heute früh mit meinem Kollegen aus unserer Tochterfirma gesprochen: Die suchen auch jemanden für ein ähnliches Projekt und da habe ich Sie als meine erste Wahl empfohlen. Hier ist seine Karte, rufen Sie ihn am besten direkt an.“
  Fällt es Ihnen nach so einer Gesprächseinleitung leichter oder schwerer im folgenden Preisgespräch hart zu bleiben und „Nein“ zu sagen?

- **Wenn Sie selbst nicht vom Wert Ihres Produktes überzeugt sind**
  Wenn Sie dem Kunden insgeheim recht geben, was seine Preisvorstellung angeht, weil Sie meinen, Ihr Produkt sei nicht mehr wert, fällt Ihnen das Neinsagen natürlich sehr viel schwerer.

- **Wenn Sie noch Spielraum haben**
  Angenommen Ihr Angebot liegt bei 1.300 Euro und Sie könnten bis 1.200 Euro mit dem Preis heruntergehen. Ihr Kunde fordert nun einen Preis von 1.000 Euro. In dem Fall fällt es vielen Verkäufer sehr leicht, „Nein“ zu sagen, weil die Forderung des Kunden weit außerhalb ihres grünen Bereiches liegt. Doch was ist, wenn der Kunde 1.250 Euro als Preis

fordert. Da diese Preisvorstellung innerhalb des Rahmens liegt, den sich der Verkäufer gesteckt hat, fällt ein Nein sehr viel schwerer ... was nicht bedeutet, dass Sie zustimmen sollten oder sogar müssen.

- **Wenn Sie den Umsatz dringend benötigen**
  Eine Situation, die die meisten Verkäufer aus Ihrer Praxis kennen, ist jene, dass dringend Umsatz benötigt wird. In einer solchen Situation ist es verständlich, dass man eher geneigt ist, in Preisverhandlungen mehr nachzugeben, um das Geschäft, das man dringend benötigt, nicht zu gefährden. Doch auch in dieser Situation kann ein Nein durchaus ein sinnvoller erster Schritt in einer Preisverhandlung sein. Ein Nein bedeutet (noch) nicht das Ende der Verhandlung, wie Sie bei den folgenden Strategien sehen werden.

So fällt das Neinsagen leichter

Wenn Sie sich bewusst machen, dass einer dieser Punkte auf Sie zutrifft, können Sie sich darauf einstellen und ein „Nein" wird Ihnen allein dadurch leichter über die Lippen kommen. Bereiten Sie sich darauf vor, „Nein" zu sagen, überlegen Sie sich, wozu und wann Sie „Nein" sagen wollen, legen Sie sich das Nein-Sagen als Ihre Strategie zurecht und es wird Ihnen sehr viel leichter fallen.

Abgesehen davon gibt es noch eine Technik – das emphatisch Neinsagen – mit der nicht nur Ihnen das Nein leichter fällt, sondern dieses auch vom Kunden besser aufgenommen und eher akzeptiert wird.

Emphatisch „Nein“ sagen

Beim empathischen Verneinen bzw. Ablehnen gibt es ein paar Dinge, die Sie beachten sollten:

1. Machen Sie sich bewusst, dass Sie „Nein“ zur Forderung, aber nicht zur Person sagen. „Hart in der Sache und weich zur Person“, lautet die Devise, die ich an früherer Stelle bereits erläutert habe.

2. Zeigen Sie Verständnis für die Forderung des Kunden und bedanken Sie sich gegebenenfalls sogar dafür (wie bei der grundlegenden Vorgehensweise beim Umgang mit Preiseinwänden beschrieben).

3. Achten Sie auf Blickkontakt und eine feste Stimme – ein Wegschauen, Räuspern oder „Ähms“ an dieser Stelle würde Ihr Nein schwächen.

4. Verwenden Sie UND statt ABER. *„Ich kann Ihren Wunsch nach einem niedrigeren Preis gut verstehen UND gleichzeitig kann ich ihm nicht nachkommen, weil ...“*. UND verbindet, ABER trennt.

5. Begründen Sie Ihr Nein mit einem WEIL (wie im obigen Beispiel). Studien zeigen, dass Vorschläge, Bitten und Forderungen vom Gegenüber eher akzeptiert werden, wenn Sie diese mit einer Begründung untermauern. Doch Achtung, ein ABER DAFÜR leitet keine Begründung, sondern eine Rechtfertigung ein, die Sie unbedingt vermeiden sollten.
   „Beim Preis kann ich leider nichts machen, ABER DAFÜR haben Sie ein tolles Produkt und ...“.

> Die Grenze zwischen einer Begründung bzw. Nutzenargumentation und einer Rechtfertigung verläuft entlang eines schmalen Grates. Nicht nur die Wortwahl ist dabei entscheidend, sondern auch die Art, wie die Worte vorgebracht werden – die Stimme, die Körpersprache, die Mimik. Wir merken in der Regel sehr gut, ob jemand hinter seinem Angebot bzw. Preis steht oder ob er sich dafür rechtfertigt und in die Rolle des Verteidigers schlüpft.

Wenn Sie sprachlich „Nein“ sagen, müssen Sie dieses Nein auch körpersprachlich unterstreichen, damit es Ihrem gegenüber auch glaubwürdig erscheint. Das tun Sie folgendermaßen:

- Machen Sie die Unterlagen zu,
- legen Sie den Stift weg,
- lehnen Sie sich zurück,
- beginnen Sie, Ihre Dinge in die Tasche zu räumen,
- wechseln Sie das Thema in Richtung Small Talk,
- gehen Sie (wenn Sie beim Kunden sind) ... wenn es Ihnen wirklich ernst ist.

Nicht wenige Verkäufer wurden dann doch noch an der Gartentüre vom Kunden zurückgeholt oder am nächsten Tag angerufen, weil dieser vielleicht nur testen wollte, wie ernst es dem Verkäufer mit seinem Nein ist.

Die Nein-Leier

Doch ein schlichtes, einfaches Nein ist nicht das Ende der verhandlungstechnischen Fahnenstange. Sie können noch eines draufsetzen, indem Sie die sogenannte „Nein-Leier-Taktik“ anwenden. Dabei handelt es sich im Grunde um ein mehrfaches Wiederholen Ihres Neins, solange bis Ihr Gegenüber es letztlich akzeptiert. Die Nein-Leier funktioniert folgendermaßen:

Runde 1:

- Verkäufer:
  - Einwand aufnehmen und Verständnis zeigen

Empathisch Nein sagen

Schweigen und Blickkontakt halten

  - „Ich verstehe vollkommen, dass Sie auf Ihr Budget achten. Ich an Ihrer Stelle würde das auch tun. Allerdings kann ich Ihnen da nicht entgegenkommen, denn wir sind bei unserer Kalkulation schon bis ans Limit gegangen.“

- Kunde hat 3 Möglichkeiten:
  - Gibt auf

„Na, ich wollte ja nur gefragt haben. Sie wissen ja, man muss heutzutage immer auf's Budget schauen.“

  - Gibt nach - schwächt Forderung ab
    „Na wenn Sie mir keine 10 % Nachlass geben können, dann kommen Sie mir doch zumindest mit 5 % entgegen.“
  - Bleibt bei seiner Forderung
    „Das ist schlecht, ich brauche die 10 % Nachlass.“

Wenn der Kunde aufgibt und von seiner Forderung komplett Abstand nimmt, ist die Preisverhandlung hier zu Ende. Dann kommt es auch nicht zu der „Leier“, denn diese beginnt erst danach, ab der zweiten Runde. Und diese zweite Runde macht der Verkäufer, wenn der Kunde nur nachgibt und weniger fordert oder bei seiner ursprünglichen Forderung bleibt.

Runde 2:

- Verkäufer:
  - Nimmt Einwand abermals verständnisvoll entgegen, sagt empathisch nein, schweigt und hält Blickkontakt
  - Dabei sagt er inhaltlich im Prinzip dasselbe, nur etwas anders und mit ein paar anderen Worten formuliert
- Kunde:
  - Gibt auf
  - Gibt nach
  - Bleibt bei seiner Forderung

Nun kann der Verkäufer entscheiden, ob er in Runde 3 geht oder auf eine andere Strategie (es folgen noch etliche) wechselt. Aus meiner Erfahrung sind zwei bis drei Runden in unmittelbarer Abfolge in einer Preisverhandlung durchaus möglich. Es kommt ganz auf die Situation an, wie viele Runden man machen kann bzw. sollte. Das Ergebnis der „Nein-Leier“ hängt oft davon ab, wer ausdauernder in seiner Argumentation ist und nicht unbedingt davon, wer die besseren Argumente hat. Oft wirft einer – Kunde oder Verkäufer – nach der zweiten oder dritten Runde das

Handtuch, weil es ihm zu mühsam erscheint, immer wieder dasselbe zu sagen.

Eine Möglichkeit – aber kein Muss – die Leier zu beenden, wenn der Kunde nach drei Runden immer noch auf seiner Forderung beharrt, ist jene eine Entscheidungsfrage zu stellen. Diese könnte z.B. so lauten:

- Verkäufer:

„Bedeutet das, dass Sie das Gespräch (die Verhandlung, das Projekt etc.) an dieser Stelle scheitern lassen wollen?

Man beachte, dass mit dieser Formulierung der Verkäufer dem Kunden die Verantwortung, sogar die Schuld für das Scheitern zuweist. Das ist natürlich eine sehr harte Formulierung bzw. Vorgehensweise, die mit sehr viel Fingerspitzengefühl und nur in den passenden Situationen angewendet werden sollte.

Der Kunde hat nun mehrere Möglichkeiten:

- Er könnte bei seiner Forderung bleiben und so etwas sagen wie: „Ja, wenn Sie mir da nicht entgegenkommen wollen, dann muss ich wohl oder übel woanders kaufen."
  Das bedeutet noch nicht unbedingt das Ende der Gespräche mit diesem Kunden, aber Sie müssen dieses als Verkäufer als mögliche Konsequenz in Kauf nehmen.

- Er könnte aber auch aufgeben und sich sogar für seine Forderung rechtfertigen: „Also so würde ich das nicht sagen. Ich wollte ja einfach nur den besten Preis erzielen. Ich muss ja auch auf mein Budget achten.“ So wird der Kunde vor allem dann reagieren, wenn er das, was der Verkäufer anbietet, auch wirklich haben will und nun – durch den angedeuteten Rückzug des Verkäufers – befürchtet, dass er es nicht bekommt. Vor diese harte Entscheidung gestellt, ist es aber nicht unwahrscheinlich, dass ein Kunde so reagiert.

- Er könnte natürlich auch den Spieß umdrehen und sagen: „Was heißt hier, ich lasse das Gespräch scheitern. Sie sind es doch, der hier so unnachgiebig ist und mir kein Stück entgegenkommen will. Aber wenn Sie mich als Kunden nicht haben wollen, muss ich eben woanders kaufen.“
  Damit hätte der Kunde die Schuld am möglichen Scheitern sehr geschickt dem Verkäufer zurückgespielt und sich selbst in eine stärkere Position manövriert.

Eines ist klar: Wenn Sie die Strategie der Ablehnung wirklich umsetzen wollen, müssen Sie auch in Kauf nehmen, deshalb ab und an ein Geschäft zu verlieren. Ich behaupte sogar, dass genau das gut und wichtig ist – ab und an (und nicht mehrmals pro Tag). Wenn das nämlich nie der Fall wäre, dann sind Sie zu nachgiebig, was Ihre Preise und Konditionen betrifft und letztlich zu billig. Sie würden dadurch laufend mehr Geld verschenken, als Sie die Geschäfte, die Sie verlieren, kosten.

Doch eine erste Ablehnung, ein Nein, bedeutet noch nicht das Ende einer Preisverhandlung. Vielmehr ist es oft nur der Anfang. Sie können die Ablehnung in Ihrem Preisgespräch als erste Strategie einsetzen, um dann – wenn Sie merken, dass

Sie damit nicht zum Ziel kommen – mit Stufe zwei oder auch einer der folgenden weitermachen.

Wenn Sie aufgrund der Rahmenbedingungen zur Einschätzung gelangen, dass Sie mit einer Ablehnung der Forderung erst gar nicht zu beginnen brauchen, dann starten Sie gleich mit einer anderen Strategie. Zum Beispiel mit der folgenden.

Stufe 2 – Verändern und verkleinern

Bei der Stufe 2 handelt es sich im Grunde auch (noch) nicht um eine Preisverhandlung, weil Sie keinen echten Preisnachlass als Option beinhaltet.

Sie haben Produkt A zum Preis A angeboten. Der Kunde findet diesen zu hoch und verlangt einen niedrigeren Preis B. Wenn Sie nun – und sei es auch nach einigem taktischen Preisgeplänkel – dem Preis B zustimmen und der Kunde dafür unverändert das Produkt A erhält, dann bedeutet das im Grunde folgendes:

- Sie haben zuerst offenbar zu viel verlangt, da der Kunde nun dasselbe Produkt zum niedrigeren Preis erhält.
- Sie waren nicht ehrlich zu dem Kunden, sondern wollten ihn übervorteilen.
- Wenn der Kunde nicht nach einem besseren Preis gefragt hätte, hätte er zu viel bezahlt.

So betrachtet können Sie das gar nicht tun, ohne unseriös zu wirken und Ihre Glaubwürdigkeit zu verlieren (von kosmetischen Reduktionen und kleinen „Geschenken“ abgesehen).

Das bedeutet, wenn der Kunde statt des geforderten Preises A nur den niedrigeren Preis B bezahlen will oder kann, dann darf er dafür nicht Angebot A erhalten, sondern ein kleineres oder zumindest anderes Angebot B. Ihr Angebot muss sich ändern – ein wenig zumindest – wenn sich der Preis ändert.

Dabei sei angemerkt, dass die Änderung im Wert des Angebotes nicht unbedingt genau der Preisreduktion entsprechen muss. Es geht vor allem darum, dass sich das Angebot mit dem neuen, niedrigeren Preis tatsächlich verändert. Wenn der Kunde letztlich um 300 Euro weniger bezahlt und dafür ein Produkt erhält, das nur um 100 Euro weniger wert ist, dann steckt da eine echte Preisreduktion für den Kunden drin. Verhandlungstaktisch wäre das gegebenenfalls machbar, ohne dass Sie Ihre Glaubwürdigkeit verlieren (wenngleich es rechnerisch ein Nachteil für Sie sein kann).

Sauberer ist es für Sie natürlich, wenn der Kunde um 300 Euro weniger bezahlt und dafür ein Produkt erhält, das zum Normalpreis um 300 Euro weniger kostet als das ursprüngliche Produkt A. In dem Fall erhält der Kunde keinen Preisnachlass, sondern ein anderes, kleineres Produkt bzw. einen kleineren Leistungsumfang zum entsprechend geringeren (aber dafür entsprechenden) Preis.

Das kann für den Verkäufer im Einzelfall sogar besser sein, weil zum Beispiel der Deckungsbeitrag für das kleinere oder abgespeckte Produkt höher ist als für das größere und er so sogar mehr verdient.

Möglichkeiten zur Angebotsverkleinerung

Wie können Sie das Angebot verkleinern? Der Begriff „verkleinern“ ist dabei weit gefasst zu verstehen. Dafür gibt es eine Reihe von Möglichkeiten – je nachdem, ob Sie Produkte, Leistungen oder aber eine Kombination aus beidem verkaufen. Sie können dabei im Prinzip auf die weiter oben erläuterte, umfangreiche Auflistung der Verhandlungsfelder zurückgreifen. Nicht alle diese Felder eignen sich für diese Strategie gleichermaßen gut. Einige, die sehr gut geeignet sind, habe ich im Folgenden aufgelistet.

Variante 1 – Eine kleinere Version des Produktes

Zu verkleinern, indem man auf eine physisch kleinere Version eines Produktes ausweicht, ist der Klassiker. Die 200-PS-Variante beim Auto statt der mit 230 PS, der fünf mal drei Meter große Pool statt des acht mal sechs Meter großen Pools oder die 120 Quadratmeter große Wohnung statt der mit 150 Quadratmetern sind Varianten, die dieser Idee entsprechen.

Variante 2 – Eine „schlechtere“/weniger leistungsfähige Version des Produktes

Doch nicht nur die Größe des Produktes kann im Zuge einer Preisanpassung nach unten reduziert werden. In vielen Fällen bietet es sich an, auf eine schlechtere Qualität auszuweichen. Diese muss oder sollte deshalb nicht schlecht sein. In vielen Produktbereichen gibt es verschiedene Qualitätsstufen, zwischen denen Sie als Verkäufer wechseln können, wenn es darum geht, den Preis zu reduzieren.

Variante 3 – Weniger (Zusatz-)Ausstattung

Anstatt das Produkt an sich zu verkleinern, können Sie die (Zusatz-)Ausstattung reduzieren. Die Fragen, die dazu passen und die Sie auch dem Kunden stellen können sind:

- *„Was wollen wir weglassen?“*
- *„Was benötigen Sie nicht unbedingt?“*

Das Navi beim Auto, die Dolby-Surround-Lautsprecheranlage beim Fernseher oder auch die zwei eintägigen Ausflüge während Ihres Strandurlaubes sind konkrete Beispiele dafür, was man – diesem Gedanken folgend – typischerweise weglassen kann.

Variante 4 – Weniger (Dienst-)Leistung

Oft sind Produkte mit Dienstleistungen kombiniert. Diese können Sie gegebenenfalls weglassen. Statt den fertigen Schrank zu liefern, können Sie anbieten, dass ihn der Kunde – zerlegt in Einzelteile – selbst abholt und zusammenbaut. IKEA macht das sehr erfolgreich, wenngleich es dort keine Strategie der Preisverhandlung ist, sondern wesentliche Grundlage des gesamten Geschäftsmodells.

Folgende Leistungen sind Beispiele dafür, was Sie weglassen könnten:

- Die Lieferung
- Den Zusammenbau oder Aufbau
- Die verlängerte Garantie

Aber auch wenn Sie ausschließlich Dienstleistungen verkaufen, können Sie Teile dieser im Zuge eines niedrigeren Preises weglassen. Auf welche Leistungsbestandteile könnten Ihre Kunden verzichten, wenn Sie dafür einen niedrigeren Preis bekommen? Das ist übrigens auch eine Frage, die Sie dem Kunden stellen können. Die Vorschläge für das „Verkleinern“ müssen nicht von Ihnen kommen. Ganz im Gegenteil ist es sogar vorteilhaft, wenn der Kunde sagt, worauf er verzichten würde.

Variante 5 – Kleinere Stückzahlen

Statt der Größe wird bei dieser Variante die Menge reduziert. Die Urlaubsrundreise wird von zehn auf sieben Tage verkürzt oder der Kunde begnügt sich mit drei Trainingstagen für seine Verkaufsmannschaft statt mit den geplanten fünf. Aber auch bei physischen Produkten ist das ein gangbarer Weg.

Variante 6 – Kleinere Packungsgrößen bzw. Abfüllmengen

In speziellen Fällen kann es auch Sinn machen, die Packungsgrößen bzw. Abfüllmengen zu verkleinern. Im Rahmen eines Event-Caterings will der Kunde jedem seiner Gäste auch noch eine gute Flasche Wein als Gastgeschenk mitgeben. Da könnte man von der 0,7 l Flasche auf die 0,375 l Flasche ausweichen. Zugegeben, das ist eine Variante, die sich nur vereinzelt anwenden lässt.

Aber auch das genau Umgekehrte könnte Sinn machen. Statt kleiner Packungseinheiten, größere anzubieten. Die Heidelbeeren kosten im Supermarkt in der 500 g oder gar 1 Kg Packung pro Kilogramm weniger als in der kleinen 125 g Verpackung. Sie als Verkäufer können dadurch Kosten für Verpackung und ggfs. Zeit sparen, die Sie an den Kunden weitergeben. Das bedeutet nicht, dass der Kunde weniger kauft. Während meiner Zeit bei Samsonite, dem weltweit führenden Hersteller für Reisegepäck, haben wir mit größeren Kunden solche Deals immer wieder gemacht. Diese haben, statt immer wieder nachzubestellen, gleich einen ganzen LKW voll von einem bestimmten Modell genommen und wir konnten die Kosten, die wir gespart haben, an die Händler in Form eines günstigeren Preises weitergeben.

Variante 7 – Kürzere Dauer

Auch die zeitliche Komponente eines Produktes lässt sich verkleinern (wie wir es weiter oben mit der Urlaubsreise etwa bereits getan haben). Dabei denke ich im Speziellen auch an Laufzeiten einer Produkt- oder Leistungsnutzung. Statt etwas z. B. fix für ein Jahr zu mieten, könnten Sie auf eine sechs- oder neunmonatige Variante ausweichen. Danach steht dem Kunden das Objekt oder die Leistung zwar nicht mehr zur Verfügung, aber vielleicht hat er inzwischen zusätzliche Mittel, um die Nutzung zu verlängern.

Variante 8 – Längere Dauer

Auch, wenn es im ersten Moment widersprüchlich klingt, auch das Gegenteil – die Dauer zu verlängern – kann Sinn machen, z.B. im speziellen Fall der Finanzierung. Wenn einem Kunden die monatlichen Raten einer Zehnjahresfinanzierung etwas zu hoch sind, können Sie diese verkleinern, indem Sie die Finanzierung 15 Jahre laufen lassen. Das hat für den, der finanziert außerdem den Vorteil, dass er insgesamt mehr an Zinsen verdient.

Doch auch bei der Ratenzahlung lässt sich diese Variante der Verlängerung einsetzen. Lassen Sie Ihren Kunden das

Produkt statt in sechs Monaten in 12 Monaten zahlen und halbieren Sie so die monatlichen Zahlungen. Auch Sie können dabei besser verdienen, da Sie einen Aufpreis einkalkulieren können – eine Möglichkeit einer Win-win-Lösung.

Das macht vor allem dann Sinn, wenn es dem Kunden nicht so sehr um den Gesamtbetrag, sondern mehr um seine laufenden Belastungen geht.

Bei Verträgen, die über einen gewissen Zeitraum abgeschlossen werden, kann das Verlängern der Vertragslaufzeit ebenso Sinn machen. Wenn Sie als Verkäufer davon profitieren, wenn der Vertrag länger läuft, dann können Sie dem Kunden einen besseren Preis im Austausch gegen seine Zustimmung zu einer längeren Vertragslaufzeit anbieten.

Das Elegante an diesen Verhandlungsstrategien ist, dass Sie zur Forderung des Kunden nicht „Nein" sagen müssen.

Eingeleitet wird diese Strategie oft mit Aussagen bzw. Fragen des Verkäufers dieser Art:

- *„Das ist Ihnen zu teuer? Gar kein Problem. Was wollen wir weglassen? Brauchen Sie z. B. XY unbedingt dabei? ..."*
- *„Sie brauchen einen größeren Nachlass. Das können wir gerne machen. Wenn ich den Preis noch um 500 Euro reduzieren soll, dann kann ich Ihnen dafür die Version H anbieten."*
- *„Der Preis passt nicht zu Ihrem monatlichen Budget. Da habe ich folgenden Vorschlag, wie wir das passend machen können. ..."*

Damit diese Strategie mit ihren vielen Varianten möglichst gut funktioniert, ist es wichtig, dass Sie genau für jene Kunden, die solche Preiseinwände bringen, Alternativen vorbereiten und diese griffbereit haben. Die besten Ideen zum Verkleinern fallen Ihnen möglicherweise in der Hitze des Preisgefechtes nicht ein. Möglicherweise bauen Sie diese sogar bereits als Varianten ins Angebot ein bzw. zeigen Sie im Laden oder auf der Webseite.

Angebot verändern

Doch nicht nur das Verkleinern fällt in diese Strategie, sondern auch das Verändern. Manchmal hilft es, auf ein anderes Produkt auszuweichen, das nicht wirklich kleiner ist, sondern einfach anders und das idealerweise Ihnen als Verkäufer auch einen Vorteil bringt.

Beispiele dafür sind:

- Statt eines neuen Produktes nimmt der Kunde ein Lagerprodukt, das Sie vielleicht ohnehin abverkaufen wollen. Dieses kann sogar größer oder von besserer Qualität und so gesehen etwas sein, wovon beide – Kunde und Verkäufer – profitieren.

- Der Kunde nimmt statt des ursprünglich angebotenen Produktes eines, das ganz neu ist und für das Sie Referenzkunden suchen.

Natürlich werden viele Leser – zurecht – einwenden, dass Kunden ja das Produkt A zum niedrigeren Preis B wollen und keine abgespeckte Version davon. Das stimmt grundsätzlich natürlich, bedeutet aber nicht, dass Sie die Strategie des Verkleinerns nicht trotzdem in einigen oder sogar vielen Fällen erfolgreich einsetzen können. Und die Strategie des „Verkleinerns und Weglassens“ ist ja nur eine Möglichkeit und nicht die, die Sie unbedingt und in jedem Fall anwenden sollten. Sie als Verkäufer sollten möglichst viele Vorgehensweisen in Preisgesprächen parat haben und die aus Ihrer Sicht zu einer bestimmten Situation passendste wählen.

Was bekommen Sie im Gegenzug?

Bevor Sie mit den folgenden Strategien weitermachen, weil Stufe 1 und 2 noch nicht zur Einigung geführt haben, sollten Sie – quasi als Zwischenschritt – aber auch als Ergänzung zur aktuellen Stufe 2, sich bzw. noch besser dem Kunden die Frage stellen: Was erhalten Sie von ihm?

Ein paar Antworten darauf sind im Bisherigen schon angeklungen. Auch hier können und werden Sie wieder auf die Liste der Verhandlungsfelder zurückgreifen, um sich jene Bereiche auszuwählen, die für Ihre spezielle Situation interessant sind. Natürlich ist ein Entgegenkommen des Kunden, wenn er auf seine Wunschausstattung verzichtet, um einen besseren Preis zu erhalten. Doch da gibt es sehr viel mehr, was der Kunde für Sie tun kann. Und das in unterschiedlichsten Bereichen.

Ein paar dieser Dinge sind in den anderen Strategien indirekt mitabgedeckt, doch gibt es auch einige, die ich hier gesondert anführen möchte. Es geht dabei immer um die Frage: *„Angenommen, ich könnte beim Preis bzw. den Konditionen noch irgendetwas für Sie tun, was könnte ich denn im Gegenzug von Ihnen erhalten?“*.

Bisweilen werden Sie darauf erstaunte Blicke ernten, weil der Kunde ja meint, dass er bei Ihnen kauft, sei Gegenleistung genug. Das stimmt auch, wenn er Produkt A zum Preis A kauft. Wenn er Produkt A aber zum niedrigeren Preis B kaufen will, dann ist das eine neue, andere Situation, die eine Gegenleistung seinerseits erfordert.

Was könnten nun solche Gegenleistungen sein, die der Kunde erbringt?

- **Geschwindigkeit der Entscheidung**
  Wenn sich der Kunde rascher, idealerweise sofort entscheidet, dann ist das etwas wert. Je länger die Entscheidung dauert, desto mehr Unvorhergesehenes kann passieren.

- **Zahlungskonditionen**
  Zahlungskonditionen sind ein weites Feld von Möglichkeiten, wie Ihnen der Kunde etwas Gutes tun kann. Anzahlungen oder Vorauszahlungen sind der Klassiker in diesem Bereich. Auch eine Finanzierungslösung, der der Kunde anstelle der normalen Zahlung zustimmt, kann für Sie als Verkäufer die bessere und profitablere Variante sein. In manchen Branchen wird durch zusätzliche Provisionen oder Boni für den Verkäufer, wenn er eine Finanzierung verkauft Geld verdient.

- **Empfehlungen**
  Wenn der Kunde Sie weiterempfiehlt, ist das natürlich auch etwas, was Ihnen viel bringen kann. Abgesehen von der normalen Weiterempfehlung, die ohne Ihr Zutun vielleicht ohnehin gemacht wird, kann eine ganz konkrete Weiterempfehlung Teil der Preisverhandlung sein.

- **Persönliche Referenz**
  Auch ein Referenzstatement, wie im Exkurs „Verhandlungsfelder“ beschrieben, das Sie auf Ihrer Website oder in Unterlagen verwenden dürfen, ist etwas, was der Kunde für Sie tun kann und das ihn (wie die Weiterempfehlung) noch nicht einmal etwas kostet.

- **Liefer- bzw. Leistungszeitpunkt**
  Wenn sich der Kunde flexibler zeigt, was den Leistungs- oder Lieferzeitpunkt betrifft, dann kann das für Sie bares Geld wert sein. Überall dort, wo Ressourcen seitens des Anbieters knapp sind und Liefer- / Leistungsengpässe oder Verzögerungen drohen, wird eine diesbezügliche Flexibilität des Kunden (er erklärt sich mit einer späteren Leistungserbringung einverstanden) durchaus mit einem zusätzlichen Preisnachlass entlohnt. Der Lieferant erspart sich dadurch zum Beispiel kostspielige Überstunden in einer ohnehin schon voll ausgelasteten Produktion.

Zwecks Findung passender Ideen und Möglichkeiten, gehen Sie am besten die komplette Liste der Verhandlungsfelder durch. Doch gerade bei der Frage, was der Kunde für Sie tun kann, zeigt es sich, dass es in der Praxis noch sehr viel mehr Möglichkeiten gibt. Oft sind es sehr individuelle, branchen- oder unternehmensspezifische. Denken Sie selbst in der Vorbereitung auf Ihre Preisverhandlung darüber nach. In der Preisverhandlung selbst sollten sie aber diese Frage durchaus zuerst dem Kunden stellen, bevor Sie Vorschläge machen. Erstens stärken Sie damit Ihre Position und verhandeln mehr auf Augenhöhe. Zweitens kann es gut sein, dass Ihr Kunde diesbezüglich Ideen hat, auf die Sie selbst gar nicht gekommen wären.

Stufe 3 – Aufwerten

Sie erinnern sich an die Gegenüberstellung von Preis und Wert und dass der Kunde dann kauft, wenn der Wert höher als der Preis ist? Das ist, wie wir wissen, erreichbar, indem entweder der Preis gesenkt oder der Wert erhöht wird. Letzteres ist die Grundidee der nächsten Strategie – Stufe 3. Statt den Preis zu senken oder (mehr) Rabatt zu gewähren, erhöhen Sie den Wert für den Kunden.

Das hat auch den riesigen Vorteil, dass Sie sich den Preis für die Zukunft nicht kaputtmachen. Ein einmal gesenkter Preis wird gerne als zukünftige Basis herangezogen. Gesenkt ist dieser rasch, doch ihn wieder zu erhöhen, kann deutlich mühsamer und langwieriger sein.

Damit diese Strategie Chancen hat, vom Kunden akzeptiert zu werden und sich für Sie als Verkäufer auch rechnet, müssen Sie folgende Grundregel beachten: Erhöhen Sie den Wert mit etwas, das für den Kunden einen möglichst hohen Wert hat, Sie aber möglichst wenig kostet. Unter dieser Prämisse sollten Sie darüber nachdenken, was das sein könnte. Das sollten Sie übrigens auch in diesem Fall als Teil Ihrer Vorbereitung auf ein Preisgespräch tun und nicht erst bei der Preisverhandlung selbst.

Voraussetzung dafür ist, dass Sie Ihren Kunden sehr gut kennen (was für eine professionelle und ausführliche

Bedarfsanalyse spricht), um einschätzen zu können, was für ihn wertvoll ist.

Dabei müssen Sie das, was Sie hinzufügen, nicht gratis hergeben. Es wäre durchaus auch denkbar, dass Sie dafür statt eines Aufpreises von 100 Euro nur einen Aufpreis von 50 Euro verlangen, also einen Nachlass auf die Zugabe gewähren. So könnte diese Strategie sogar Ihren Umsatz steigern – ganz nach dem Motto: Angriff ist die beste Verteidigung.

Im Prinzip sind es dieselben Dinge oder Leistungen, die Sie zugeben können, die Sie im Rahmen der Strategie 2 – Verkleinern – weglassen können. Um Ihnen das Nachdenken zu erleichtern, habe ich Ihnen einige Varianten als Ideen im Folgenden aufgelistet:

Variante 1 – Zusatzausstattung

Der Klassiker in diesem Bereich ist die Zusatzausstattung, die in Preisverhandlungen gratis oben draufgepackt wird. Die Fußmatte beim Auto oder die Kameratasche beim Fotoapparat sind Beispiele dafür.

Der Reiz an dieser Variante liegt vor allem darin, dass das, was Sie hergeben, Sie wesentlich weniger kostet, als es für den Kunden wert ist (sie haben ja Ihre Marge darauf). Der Nachteil ist vor allem jener, dass es Dinge sind, die der Kunde ansonsten gekauft hätte und die Sie ihm jetzt kostenlos geben.

Das könnten im Einzelfall sogar Produkte sein, die Sie auf Lager liegen haben, die bereits abgeschrieben sind und die Sie ohnehin loswerden wollen ... wobei das keine Aufforderung dazu sein soll, Ihren „Schrott“ beim Kunden abzuladen.

Variante 2 – Zusätzliche andere Produkte

Der Unterschied zur vorigen Variante ist, dass es sich bei dieser Art von Zugaben nicht um Ausstattung handelt (die unmittelbar zum Produkt gehört), sondern ganz andere Produkte, die aber trotzdem dazu passen.

Der Maserati zum neuen Luxusappartement, wie ich es in Dubai vor einigen Jahren groß beworben auf einem Plakat am Flughafen gesehen habe, ist ein extremes Beispiel dafür. Handwerker könnten, statt den Preis zu reduzieren, einen Gutschein für ein Wochenende im Wellnesshotel dazu geben. Die Kunden entspannen sich im Hotel, während die Handwerker inzwischen die Wohnung umbauen.

Wenn Sie Kooperationen mit anderen Unternehmen machen, müssen Sie diese Zugaben nicht einmal selbst bezahlen. Der Fleischer etwa könnte einen Gutschein für ein paar Grillwürste spendieren, die Sie dann dem Kunden, der mit Ihnen über den Preis seines neuen Grillgerätes verhandelt, anbieten können. Es ist bisweilen erstaunlich, was kleine Zugaben bewirken können. Ich habe es schon erlebt, dass Geschäfte über Landmaschinen im Wert von ein paar Hunderttausend Euro letztlich durch zwei Jacken des Herstellers für die Fahrer abgeschlossen wurden.

Gerade Produkte oder Leistungen, die sich Ihr Kunde zwar leisten könnte, aber oft nicht leistet, können bei dieser Variante sehr hilfreich sein. Das Essen zu zweit im Luxusrestaurant im Wert von 200 Euro leistet sich der Kunde vielleicht nicht so oft. Daher ist es für ihn – gefühlt – sehr viel mehr wert als ein Nachlass in derselben Höhe. Sie kaufen aber den Gutschein dafür im Rahmen einer Kooperation mit dem Gastronomen möglicherweise zur Hälfte ein.

Variante 2 – Größere Version des Produktes

Statt einer zusätzlichen Ausstattung könnte es auch eine größere Version des eigentlichen Produktes sein, die Sie ohne oder mit reduziertem Aufpreis im Zuge einer Preisverhandlung anbieten.

Variante 3 – Größere Menge

Was in Branchen, in denen kleine, günstige Produkte in großen Mengen verkauft werden, manchmal im Rahmen von Preisverhandlungen angeboten wird, sind Überfüllungen oder Überlieferungen. Dabei wird kostenlos mehr vom selben Produkt geliefert. Bei Druckereien, Schrauben, kleinen Kunststoffteilen etwa wird das gemacht.

Variante 4 – Bevorzugte Behandlung

Eine Zugabe muss nicht immer physisch sein. Auch so etwas wie bevorzugte Behandlung eines Kunden im Rahmen der Mitgliedschaft in einem VIP-Kundenclub etwa kann eine sehr wertvolle Zugabe sein. Damit diese auch als wertvoll wahrgenommen wird, muss sie entweder sehr exklusiv gehalten werden oder vielleicht sogar etwas kosten. Die meisten Kundenclubs, die ich kenne, eignen sich allerdings nicht dafür, im Rahmen einer Preisverhandlung als Zugabe eingesetzt zu werden.

Variante 5 – Zusätzliche Garantien

Erweiterte Garantien können ebenso etwas sein, das für den Kunden einen hohen Wert darstellt und Sie wenig kostet – immer vorausgesetzt, Sie haben das genau durchgerechnet.

Wenn Sie diese kostenlos als Zugabe in Preisverhandlungen anbieten, dann ist es wichtig, dass diese Garantie normalerweise einen Preis hat (am besten einen relativ hohen) und auch kaufbar ist. Denn: Was nichts kostet, ist bekanntlich nichts wert.

Eine Spielart davon können auch Versicherungen sein, die Sie als Zusatzleistung verkaufen oder eben – im Verhandlungsfall – auch gratis dazugeben können, um Ihr Gesamtangebot aufzuwerten.

Variante 6 – Zusätzliche Services

Womit wir nahtlos bei der nächsten Idee anknüpfen, den klassischen Services. Grundsätzlich – nicht nur zum Zwecke der Zugabe bei Preisverhandlungen – ist es empfehlenswert diverse Services wie

- Transport und Zustellung,
- Lagerung,
- Kommissionierung und Verpackung,
- Aufbereitung und Vorbearbeitung,
- Aufbau,
- Instandhaltung, Reparatur, Wartung und Reinigung,
- ... und die, die Ihnen noch für Ihre Branche einfallen,

anzubieten. Sie stellen ein bisweilen sehr lukratives, ganz eigenes Geschäftsfeld dar. Doch auch für Preisverhandlungen sind diese ein guter Fundus, aus dem Sie schöpfen können, wenn es um Zugaben geht. Aus Verkaufssicht haben Services den zusätzlichen Vorteil, dass Sie dadurch mehr bzw. immer wieder über einen längeren Zeitraum hinweg (bei Wartungsverträgen z. B.) Kontakt zu Ihren Kunden haben.

Variante 7 – Erwähnung in der Werbung

Als letzte Variante habe ich noch eine, die nur jenen Unternehmen vorbehalten ist, die Werbung machen. Statt eine Anzeige nur mit Ihrem Produkt zu schalten, können Sie - wie bei den Verhandlungsfeldern erwähnt – eine Anzeige schalten, die den zufriedenen Kunden zeigt, der Ihr Produkt verwendet. Geschickt gemacht, hat der Kunde einen Nutzen in Form von Werbewert daraus und Sie kostet es keinen Cent zusätzlich. In gewissen Bereichen kann das eine sehr wirksame Zugabe sein, weil dabei Emotionen eine große Rolle spielen. Der Kunde fühlt sich gegebenenfalls geehrt, wenn er auf diese Art und Weise präsentiert wird.

Stufe 4 – Vergrößern

Wenn die bisherigen Stufen und Strategien (noch) nicht gereicht haben, um zu einer Einigung zu gelangen und die finanzielle Kluft zwischen Ihnen und Ihrem Kunden zu schließen, können Sie eine Strategie nutzen, die sozusagen in die Gegenrichtung von Strategie 2 (Verkleinern) zielt. Statt kleiner zu denken, geht es hier darum, größer zu denken.

Genau das ist oft eine gute Grundlage für ein Win-win-Ergebnis. Statt gleich zu streiten, wer welches Stück vom Kuchen bekommt, wird zuerst der Kuchen größer gemacht, sodass später jeder mehr davon bekommen kann.

Variante 1 – Menge vergrößern

Die Menge zu vergrößern, um dann einen Preisnachlass zu geben, entspricht dem klassischen Mengenrabatt. Im Idealfall verschlechtert das Ihren Gewinn nicht (oder verbessert ihn sogar), weil die Ersparnis, die Sie durch die größere Menge beim Transport, der Produktion etc. haben, größer als der Margenverlust durch den Nachlass ist.

Dabei ist die Idee, die Menge zu vergrößern, sehr weit gefasst. Das kann im einfachsten Fall mehr vom selben Produkt oder derselben Leistung sein, kann aber z. B. auch bedeuten, ein Konzept statt für nur einen Standort auch für fünf weitere umzusetzen.

Variante 2 – Leistungsumfang erweitern

Wenn Sie den Leistungsumfang erweitern können, bedeutet das meist auch, dass das Volumen des Geschäftes größer wird. Anders als beim simplen Mengenrabatt, einen Nachlass dafür zu geben, dass der Kunde mehr vom Selben kauft, versucht der Verkäufer hier, das Angebot zu verbreitern.

Ziel ist, dass der Kunde mehr Verschiedenes vom Verkäufer kauft und dieser den Vorteil hat, dass er mehrere Standbeine beim Kunden hat. So kann etwa im Versicherungsbereich der Kunde statt nur der Hausratsversicherung auch die Unfallversicherung beim Verkäufer abschließen. Die extreme Variante davon wäre, dass der Kunde seinen kompletten Bedarf in einem Bereich bei Ihnen kauft, Sie zum Exklusivanbieter bzw. -lieferanten für ihn werden und ihm dafür preislich entgegenkommen können.

Variante 3 – Laufzeit verlängern

Eine Form des Vergrößerns ist es auch, die Laufzeit eines Vertrages zu verlängern. Wenn Ihr Kunde Ihnen 1.000 Stück jährliche Abnahmemenge nicht für ein, sondern für drei Jahre zusichert, dann haben Sie vermutlich auch etwas mehr preislichen Spielraum dadurch.

Auf die Gefahr hin, mich zu wiederholen ... auch in diesem Punkt empfiehlt es sich, einen Blick auf die Liste mit den Verhandlungsfeldern zu werfen. Dort werden Sie sicher die ein oder andere zusätzliche Idee finden, wie Sie den Kuchen vergrößern können.

Stufe 5 – Verschieben

Wenn Sie schon einen Nachlass gewähren oder gar den Preis senken müssen, dann besser irgendwann in der Zukunft statt jetzt. Damit verschieben Sie die dadurch entstehenden Kosten (in Form reduzierter Einnahmen) auf einen unbestimmten Zeitpunkt in die Zukunft.

Dabei haben Sie mehrere Möglichkeiten.

Variante 1 – Gültigkeitsbeginn verschieben

Eine Variante ist es, die Gültigkeit eines niedrigeren Preises oder eines höheren Rabattes in die Zukunft zu verschieben. Statt ab sofort tritt die Preissenkung erst in einem Monat, nächstes Jahr etc. in Kraft. Je später, desto besser für Sie. Diese Vorgehensweise können Sie wahrscheinlich am ehesten dann nutzen, wenn Sie mit dem Kunden kontinuierlich zusammenarbeiten und er laufend bei Ihnen kauft.

Variante 2 – Mit Gutscheinen, Gutschriften und Boni arbeiten

Diese Variante ist in allen möglichen Arten von Preisverhandlungen einsetzbar. Die Grundidee dabei ist folgende: Sie geben dem Kunden anstelle eines Preisnachlasses einen Gutschein bzw. eine Gutschrift, die er dann beim nächsten Kauf bei Ihnen einlösen kann. Das macht vor allem bei Käufen, die nur ab und an gemacht werden, Sinn – ein Auto, Möbel, eine Reise, Kleidung etc. Am besten eignen sich Gutscheine als Instrumente in der Preisverhandlung dann, wenn nicht sichergestellt ist, dass der Kunde nächstes Mal wieder bei Ihnen kauft.

Wenn der Kunde seinen laufenden Bedarf ohnehin bei Ihnen deckt, dann ist eine Gutschrift nur eine sehr kurzfristige Verschiebung der Kosten. Wenn beim Traktorenkauf z. B. ein Werkstatt-Gutschein über 500 Euro in der Preisverhandlung hergegeben wird, ist das der Fall. Der Landwirt muss ohnehin zu diesem Händler kommen, um seinen Service zu nutzen. Dennoch ist die Vorgehensweise immer noch besser, als gleich einen Preisnachlass zu geben.

Sie können den Gutschein auch so gestalten, dass er nur für bestimmte Arten von Produkten oder ab einem bestimmten Einkaufswert gültig ist. Aber Achtung, schränken Sie die Gültigkeit nicht zu sehr ein, sonst wird dieser für den Kunden zunehmend wertlos und damit unwirksam für Ihre Preisverhandlung.

Gutscheine oder auch Gutschriften in der Preisverhandlung strategisch einzusetzen, hat folgende Vorteile:

- Es kostet Sie als Verkäufer im aktuellen Geschäftsfall nichts.
- Gutscheine erhöhen die Kundenbindung, weil der Kunde wiederkommen und kaufen muss, um seinen Gutschein einzulösen.
- In diesem Fall erhöhen Gutscheine die Chance auf zusätzlichen Umsatz in der Zukunft.
- Viele Gutscheine werden nicht eingelöst. Das ist zwar schade, aber Ihnen sind keine Kosten in Form von Preisnachlässen entstanden.
- Wenn Ihre Gutscheine transferierbar sind (d. h. Ihr Kunde kann den Gutschein weiterreichen), dann kann Ihnen das neue Kunden bringen.

Eine Sonderform eines Gutscheines bzw. einer Gutschrift sind Boni, die typischerweise angesammelt und am Jahresende in Form einer Gutschrift an den Kunden gegeben werden. Dafür gilt das für Gutscheine Gesagte ebenso. Der zusätzliche Vorteil ist, dass sich kleine Beträge zu größeren Jahresboni summieren und dadurch attraktiver werden.

Für diese Instrumente gilt ganz besonders, dass Sie sie vor dem Preisgespräch vorbereiten müssen. Dahinter müssen ein Konzept und eine Strategie stehen. Sie einfach so in der Preisverhandlung „aus dem Ärmel zu schütteln“ ist definitiv nicht empfehlenswert.

Stufe 6 – Reduzieren

Wenn Sie bis hierher gekommen und noch zu keiner Einigung gelangt sind, das Geschäft aber dennoch abschließen wollen, bleibt Ihnen als letzte Strategie, den Preis zu reduzieren bzw. den Rabatt zu erhöhen.

Wenn Sie das tun müssen, dann denken Sie aber unbedingt an unsere kleine Rechnung ganz zu Beginn des Buches. Machen Sie sich bewusst, dass kleinste Änderungen im Preis große Auswirkungen auf Ihren Ertrag haben können.

Wenn Sie also mit dieser Strategie verhandeln, dann verhandeln Sie sehr vorsichtig und gehen Sie in kleinen, kleinsten Schritten.

Bedenken Sie dabei auch die preispsychologische Wirkung von unrunden Beträgen und Prozentsätzen. Geben Sie einen unrunden, „genau berechneten“ Nachlass, wenn Sie einen geben.

- 483 statt 500 Euro
- 1,87 statt 2 Prozent

Achten Sie vor allem auf kleine Preise, wenn Sie viel von diesem Produkt verkaufen. 3 Cent pro Gramm mag nach nicht viel klingen, wenn Sie allerdings viele Tonnen davon verkaufen, geht es um hohe Beträge. Dasselbe gilt, wenn Sie in Prozenten verhandeln. Unter 100 Euro kann man sich leicht etwas vorstellen, doch 17 Prozent erzeugen kein Bild im Kopf und die Gefahr, dass wir uns beim Verhandeln vergaloppieren, ist dadurch größer. Seien Sie daher mit Prozenten besonders vorsichtig, vor allem dann, wenn Sie über große Beträge verhandeln.

Professionell feilschen

Wenn Sie feilschen – und dazu kommt es bei dieser letzten Strategie immer wieder – dann habe ich noch eine Methode für Sie, mit der Sie professioneller und erfolgreicher feilschen können.

Die Regel dafür lautet: Gewähren Sie beim Feilschen abnehmende Nachlässe.

Das bedeutet, wenn Ihr Angebot 100 Euro lautet und Ihre untere Schmerzgrenze bei 85 Euro liegt, dann könnten Sie sich dieser in folgenden Schritten nähern.

- Schritt 1: 90,70 Euro – Achten Sie auf unrunde Zahlen. Der erste Schritt muss der größte sein.
- Schritt 2: 87,20 Euro
- Schritt 3: 85,35 Euro – Hier könnten Sie auf die zweite Kommastelle ausweichen, vor allem dann, wenn es um eine große Menge geht.
- Schritt 4: 85 Euro – Dieser letzte Schritt kann dann mit Abrundung begründet werden.

Dadurch, dass Ihre Zugeständnisse abnehmen, signalisieren Sie, dass Sie sich Ihrem Limit nähern. Stellen Sie sich vor, der Verkäufer würde in der Situation den Preis beispielsweise in gleichbleibenden Fünf-Euro-Schritten reduzieren. Wie würde das im Vergleich zu der Methode mit den abnehmenden Schritten auf Sie wirken?

Typischerweise kommt Ihnen beim klassischen „Feilschen“ auch der Kunde schrittchenweise entgegen. Schon allein aus dem Grund bedeutet der Einsatz dieser Methode nicht, dass Sie damit bis an Ihr Limit gehen müssen. Dieses ist eben nur das äußerste Limit, aber nicht Ihr Ziel.

Zusammenfassung der 6 Eskalationsstufen

Lassen Sie uns die sechs Eskalationsstufen nochmals zusammenfassen:

- Stufe 1 – Ablehnen
- Stufe 2 – Verkleinern und verändern
- Stufe 3 – Aufwerten
- Stufe 4 – Vergrößern
- Stufe 5 – Verschieben
- Stufe 6 – Reduzieren

Ich denke, jetzt, nachdem Sie nun alle Details zu den Strategien auf den einzelnen Stufen erfahren haben, wird das zu Beginn dieses Kapitels Erwähnte klarer und verständlicher. Alles sechs Strategien lassen sich bestens miteinander kombinieren. Doch nicht nur das. Bei allen Strategien gibt es auch Anknüpfungspunkte zu den Basisstrategien und Vorgehensweisen für Preisverhandlungen sowie zu den preispsychologischen Taktiken und natürlich den Verhandlungsfeldern. Je besser Sie all das verinnerlicht und geübt haben, desto flexibler sind Sie dabei, alle Taktiken und Strategien kombiniert in Ihren Preisverhandlungen einzusetzen.

Die Mehr-Fronten-Strategie

Wenn Sie das tun, all das kombiniert einsetzen, Ideen in verschiedenen Verhandlungsfeldern kreieren und sie in die Verhandlung miteinbringen, dann landen Sie fast automatisch bei dem, was professionelle Einkäufer aus Industrie und Handel ganz gezielt machen – sie verhandeln an mehreren, manchmal vielen Fronten. Es gibt einige Verhandlungsschauplätze, über die parallel in einem Gespräch verhandelt wird – den Preis, den Jahresbonus, den Werbekostenzuschuss, die Kosten für Lagerhaltung, die Transportkosten, den Skonto ... und manchmal noch einige mehr.

Das hat die Nachteile, dass es unübersichtlicher wird und dass Ihr Kunde in jedem Teilbereich (Front ist vielleicht eine zu militärische Metapher) ein klein wenig herausverhandeln kann, was sich dann zu satten Nachlässen und Zugeständnissen Ihrerseits summiert.

Doch die Vorteile für Sie als Verkäufer sind genau dieselben. Es wird unübersichtlicher für den Verhandlungspartner. Das bedeutet, wenn Sie es schaffen, die Übersicht zu bewahren, haben Sie die besseren Karten. Planung und Struktur helfen dabei. Und genauso wie der Kunde können auch Sie sich in jedem Bereich einen kleinen Vorteil herausverhandeln, was sich dann auch für Sie zu einer nennenswerten Verbesserung des Deckungsbeitrages summiert.

Insgesamt hat diese Vorgehensweise für beide Parteien den Vorteil, dass eine Einigung viel leichter erzielbar wird, da man nicht in einem einzigen Punkt – dem Preis – feststecken kann, sondern Ausweichmöglichkeiten auf dem Weg zur Einigung hat.

Gerade, wenn Sie mit Unternehmen und nicht mit Privaten Preise verhandeln, werden Sie immer wieder feststellen, dass die Budgets in manchen Bereichen sehr beschränkt sind, dafür aber Budgets in ganz anderen Bereichen zur Verfügung stehen, die Sie anzapfen können. Das macht zwar im Gesamtbetrag oft keinen Unterschied, aber im Ergebnis doch.

So kann es sein – wie ich es erlebt habe – dass ein Unternehmen für Berater einen maximalen Tagessatz von 2.000 Euro zu bezahlen bereit war. Das war nicht verhandelbar ... oder wäre zumindest sehr mühevoll gewesen. Ein neues Angebot, das die gleiche Angebotssumme auswies, bei dem ich den Tag mit 2.000 Euro angesetzt hatte und dafür einige Vorbereitungstage (die bereits einkalkuliert waren) separat – ebenso mit 2.000 Euro – ausgewiesen hatte, wurde problemlos akzeptiert.

Lernen Sie also, in Preisverhandlungen über verschiedenste Faktoren gleichzeitig zu verhandeln und dabei den Überblick zu behalten. Es macht sich bezahlt.

ABSCHLUSS

Nach der Lektüre dieses Buches sind Sie nun sehr gut ausgestattet mit Methoden, Strategien, Konzepten, Tipps und auch ein paar Tricks, um Ihre Preisverhandlungen erfolgreicher zu bewerkstelligen. Sind das alle Strategien, die es gibt? Natürlich nicht. Es gäbe noch eine Menge mehr an interessantem Know-how rund um das Thema Preisverhandlungen. Doch meine Absicht war es, einen Ratgeber zu schreiben, mit dem Sie sich in kurzer Zeit die wichtigsten und wirksamsten Vorgehensweisen anlesen können. Sie werden in meinen anderen Büchern zu Preisthemen sicher noch einiges mehr an spannenden Inhalten für Ihre Verkaufspraxis finden, wenn Sie das Thema interessiert.

Sollten Sie noch mehr Unterstützung für Ihr Vertriebsteam bzw. sich selbst benötigen, um Preise und Honorare besser durchzusetzen und Ihre Margen zu steigern, dann kontaktieren Sie mich unter service@romankmenta.com und lassen Sie uns darüber reden, wie ich Sie ggfs. unterstützen kann.

Sind Sie bereit für Ihre nächste Preisverhandlung? Freuen Sie sich vielleicht gar schon darauf, das Gelernte in Ihrer Praxis einzusetzen?

Ohne Ihren Enthusiasmus auch nur im Geringsten bremsen zu wollen, möchte ich abschließend nochmals auf zwei Punkte hinweisen, die mir besonders wichtig erscheinen.

Erstens: Die wirklich guten und erfolgreichen Preisverhandlungen entsprechen nicht dem klassischen Klischee des Feilschens und Sich-in-der-Mitte-Treffens. Sie haben vielmehr vor allem mit Kreativität, Flexibilität und der Bereitschaft zu tun, seinen Standpunkt gegebenenfalls sogar aufzugeben, um vielleicht nicht genau das Stück vom Kuchen zu erhalten, das Sie sich gewünscht hatten, sondern ein anderes, dafür aber ein größeres und letztlich schmackhafteres.

Zweitens: Obwohl ich ein ganzes Buch zum Thema Preisverhandlungen geschrieben habe, bleibe ich dabei, dass die beste Preisverhandlung immer noch jene ist, die nicht stattfindet. Vor allem als Unternehmer, Selbstständiger, Führungskraft oder Marketer können Sie viele oder alle Aspekte Ihres Unternehmens beeinflussen und an Schrauben drehen, die im Verkaufsgespräch alleine nicht zur Verfügung stehen.

Vordringlichstes Ziel muss es für Sie sein, Ihr Unternehmen und Ihr Angebot so attraktiv, anziehend und wertvoll zu machen oder zumindest darzustellen, dass Ihre Kunden gar nie auf die absurde Idee kommen, nach einem besseren Preis oder einem Rabatt zu fragen. In dem Fall hätten Sie dieses Buch weitgehend umsonst gekauft und gelesen.

Doch denke ich, dass Sie – sollte das geschehen – damit gut leben könnten und ich als Autor definitiv auch.

Viel Erfolg dabei!

Ihr

PS:

Eines noch ... wenn Ihnen das Buch gefallen hat, dann würde ich mich sehr freuen, wenn Sie mir auf Amazon eine Rezension hinterlassen. Damit würden Sie mir bzw. dem Buch sehr helfen. Würden Sie das für mich tun?

Sollten Sie zu einzelnen Themen oder Punkten im Buch eine andere Sichtweise oder zusätzliche spannende Ideen bzw. Fragen haben, dann schicken Sie mir bitte eine E-Mail an service@romankmenta.com. Ich freue mich auf unseren Austausch.

ÜBER DEN AUTOR

Marketing- und Preisexperte Roman Kmenta ist seit mehr als 30 Jahren als Unternehmer, Keynote Speaker und Bestsellerautor international tätig. Der Betriebswirt und Serienunternehmer stellt seine langjährige, internationale Marketing- und Verkaufserfahrung im B2B- wie B2C-Bereich heute über 100 Top-Unternehmen sowie vielen Kleinunternehmen und Einzelunternehmern in Deutschland, der Schweiz und Österreich zur Verfügung.

Mehr als 100.000 Menschen pro Monat lesen seine Bücher oder seinen wöchentlichen Blog, hören seinen Podcast oder konsumieren seine Beiträge in den Sozialen Medien. Mit seinen Vorträgen gibt er Verkäufern, Führungskräften und Unternehmern Denkanstöße zum Thema „profitables Wachstum" und setzt bei seinen Zuhörern und Lesern Impulse in Richtung eines wertorientierten Verkaufs- und Marketingansatzes.

www.romankmenta.com

Foto: Andrea Sojka

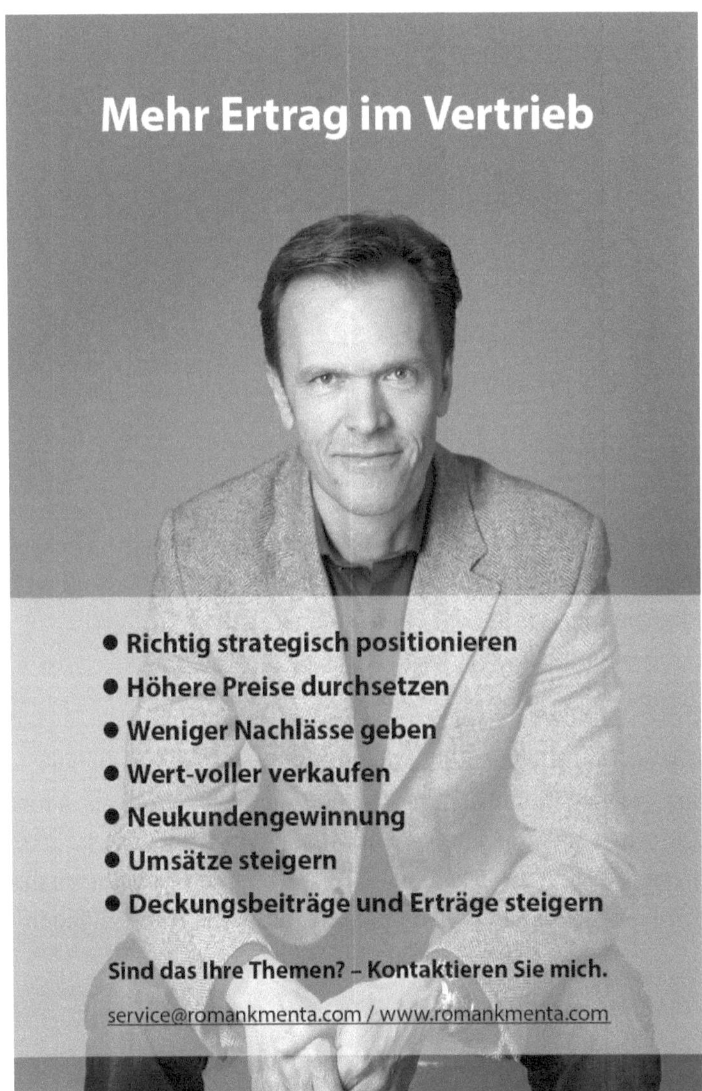
Mehr Ertrag im Vertrieb
• Richtig strategisch positionieren
• Höhere Preise durchsetzen
• Weniger Nachlässe geben
• Wert-voller verkaufen
• Neukundengewinnung
• Umsätze steigern
• Deckungsbeiträge und Erträge steigern
Sind das Ihre Themen? – Kontaktieren Sie mich.
service@romankmenta.com / www.romankmenta.com

Für erfolgreiche Preisverhandlungen braucht man auch eine Portion MUT

Mutige Verkäufer sind erfolgreicher

Was unterscheidet sehr erfolgreiche Verkäufer vom Durchschnitt? Beherrschen sie bessere Gesprächstechniken? Manchmal. Haben sie ein besseres Auftreten? Vielleicht. Doch es gibt eine Eigenschaft, die einen riesigen Unterschied für den Verkaufserfolg macht: Mut.

Die erfolgreichsten Verkäufer gehen über Grenzen hinaus – ihre eigenen und manchmal auch die ihrer Kunden – und tun das, was andere nicht wagen. Oft sind das nur Kleinigkeiten, die aber für ihr Ergebnis einen riesigen Unterschied machen, den Unterschied zwischen einem Auftrag und leeren Händen.

Wer wagt, gewinnt

In diesem Buch erfahren Sie welche mutigen Verkaufsstrategien Sie einsetzen können, um wahrgenommen zu werden, sich vom Mitbewerb zu unterscheiden und Kunden zu gewinnen.

Hier bestellen >> www.romankmenta.com/shop

Das Mut-Mach-Buch

Doch woher nehmen Sie den Mut, den Sie dafür brauchen? Aus dem Mut-Mach-Buch. Dieser Mut-Kurs in Buchform überrascht Sie mit 67 unterhaltsamen, fordernden und bisweilen auch echt abgefahrenen Übungen für mehr Mut.

Hier bestellen >> www.romankmenta.com/shop

Nie mehr sprachlos in Preisgesprächen

Zu teuer! – Hören Sie das immer wieder in Preisverhandlungen? Damit Sie in Preisgesprächen nie mehr sprachlos sind und immer die passende Antwort zur Einwandbehandlung parat haben, finden Sie in diesem Buch 118 Antworten auf Preiseinwände. Das Spektrum geht von frech bis überzeugend, von vernünftig und kalkuliert bis humorvoll ... in jedem Fall aber profitabel!

Mit diesem Buch werden Sie:

- in Preisverhandlungen immer die passende Antwort auf Einwände finden,
- neue Verhandlungstechniken und Methoden der Einwandbehandlung kennenlernen,
- lernen, psychologische Tipps und Strategien in der Preisverhandlung effektiv einzusetzen,
- Ihre Verhandlungsführung erfolgreicher machen,
- beim Preise verhandeln bessere Ergebnisse erzielen,
- mehr Spaß bei der Preisverhandlung haben.

Leserstimmen

„Von pragmatisch bis emotional, frech und vor allem für verschiedenste Branchen und Situationen umsetzbar."

- *„Im Vertrieb geht es oft um Reframing und Wortgewandtheit. Man merkt, dass die lange Liste aus einem großen Erfahrungsschatz entstanden ist, der seinesgleichen sucht."*
- *„Top! – Ich habe schon viele teure Seminare besucht und viel weniger in der Praxis anwendbare Sprüche erhalten."*
- *„Frech, innovativ, mutig und selbstbewusst seinen Wert verkaufen!"*
- *„Selten so gelacht und so vieles wiedergefunden!"*

Buch: Hier bestellen >> www.romankmenta.com/shop

Karten: Hier bestellen >> www.romankmenta.com/shop

VoV media

BUSINESS

AUF DEN PUNKT GEBRACHT

Praxiswissen aus Vertrieb und Marketing in kompakter Form